U0894147

中国读本

苏叔阳◎著

中国盲文出版社

图书在版编目（CIP）数据

中国读本（大字版）/ 苏叔阳著. —北京：中国盲文出版社，2013.11
ISBN 978—7—5002—4546—9

Ⅰ.①中…　Ⅱ.①苏…　Ⅲ.①中国—概况
Ⅳ.①K92

中国版本图书馆 CIP 数据核字（2013）第 233025 号

中国读本

著　　者：苏叔阳
出版发行：中国盲文出版社
社　　址：北京市西城区太平街甲 6 号
邮政编码：100050
印　　刷：北京汇林印务有限公司
经　　销：新华书店
开　　本：787×1092　1/16
字　　数：139 千字
印　　张：19.75
版　　次：2013 年 11 月第 1 版　2017 年 3 月第 3 次印刷
书　　号：ISBN 978—7—5002—4546—9/K·205
定　　价：30.00 元
编辑热线：（010）83190019　83190238
销售热线：（010）83190289　83190292　83190297

版权所有　侵权必究　　**印装错误可随时退换**

目　录

引　子

公元1275年春天，迟到的风终于吹走了元朝京城大都（今北京）上空残存的寒气。蓝天显得格外高远，几缕多情的白云斜嵌在燕山的头顶，宛如美女头上轻俏的纱巾。鸽子在阳光下得意地盘旋，风把它们的鸽哨声吹进威严的皇宫。

皇宫里，元世祖忽必烈正在接见威尼斯富商尼古拉·波罗，他的弟弟玛窦·波罗和他的儿子，21岁的马可·波罗（Marco Polo，1254－1324）。他们走了整整四年才从故乡来到大都。有着辽阔的疆土和同样辽阔心胸的忽必烈，对从遥远的意大利赶来觐见他的商人产生了浓厚的兴趣。特别是那个年轻人，那个有一双活泼的蓝眼睛和宽额头的马可·波罗，让这位蒙古族的中国皇帝分外喜欢。他任命这三个威尼斯商人以客卿身份在元朝供职。马可·波罗不辱使命很快学会了蒙古语和汉语，除了在大都应差，还经常奉命巡视各省甚至出使国外。据说他还曾被任命为扬州总管，在东南各地住了三年。扬州是当时的大都会、水陆码头。那繁盛的都市生活，给他留下了终生不忘的印象。如今，热情的扬州人为马可·波罗在天宁寺里树立了纪念碑。

马可·波罗和他的父亲、叔父在中国度过了17年的光阴，1292年，奉命由海道护送元朝公主阔阔真远嫁宗王波斯汗（即伊尔汗，旭列兀的继承者），得以辗转西归。三年后，他回到威尼斯。41岁的马可·波罗凭借从中国带回的金银财宝而成了威尼斯尽人皆知的富豪。

1298年，马可·波罗参加威尼斯和商业劲敌热内亚的战争，兵败被俘，囚禁在热内亚的监牢中。身处禁锢，在忧烦的苦闷中，往日旅途的见闻和峥嵘的岁月又重现眼前，催促他开口。于是他向同狱的监友，一个名叫卢斯第谦诺（Rusticiano）的会用当时流行的法语写文章的人，口授他的见闻。这便是后来的传世之作《东方见闻录》（也译为《马可·波罗行纪》）。

这本监狱里诞生的巨著，一问世就不胫而走，几个月内就传遍了意大利，很快被译成各种文字。相信和怀疑它的真实性的人，纷纷对它进行考证和诠释，一门“东学”诞生了，更激起欧洲人对东方特别是中国持久不衰的兴趣。哥伦布阅读了这本书，带着西班牙国王致中国皇帝的国书于1492年出发到中国和印度，却无意中来到了美洲。他简直不能相信上帝会给自己开这样的一个玩笑，直到生命的最后一刻，这位固执的旅行家还相信他踏上的大陆是印度，他登陆的岛屿（古巴）是日本。可怜的哥伦布是在马可·波罗的指引下，误打误撞地发现新大陆的。

不管怎么说，马可·波罗是第一位游历东方并且留下重要文献的欧洲人。他第一次轻轻揭开了东方特别是中国的面纱，介绍了13世纪强大的大元帝国的风貌和风情，引起西方探索中国魅力的永恒的热情。无数西方的哲人以自己的睿智论说中国的文明，在历史的地平线上瞭望遥远的中国，渴望和这块土地上的人们心心相连。岁月风一样地流走。如今，一个曾在睡梦中贫弱的中国，正在和平崛起。全世界都听到了她亲切的问候，都看到了她前行的脚步，重又燃起想更加了解她的强烈欲望，要比马可·波罗的了解更加深刻、更加全面、更加清晰。

中国是一个怎样的国家，她走过怎样的道路，她悠久的文明都是些什么。亲爱的读者朋友，这些问题在你读过本书之后，就会得出自己的答案。阅读本书，就是您走进中国，走进新世界的一次发现之旅。

第一章

幅员辽阔的家园

一 创世神话

盘古开天辟地

世界各个民族几乎都有自己的“创世神话”，来回答天、地、人是怎样形成的。各民族的创世神话虽然各有不同，却也有相似或者相同之处，反映出先民们虽然处在信息不发达的蛮荒时代，却也有相近的思维。

古希腊的创世神话，流传甚广，是人类共有的文明财富。希腊神话告诉我们“众神之神”宙斯，创造了天地和万物。他的儿子普罗米修斯用湿润的泥土捏成许多和他形似的“泥人”，又把许多动物的“善”与“恶”捏在一起成为心脏，封闭在那些泥人的胸膛。美丽的女神雅典娜可怜那些半活的麻木的“泥人”，便向他们吹去灵动温柔的气息，那些“泥人”便活起来，渐渐布满了大地，这便是人类。此后人类有了黄金时代、白银时代和青铜时代，演出无数爱与恨、生与死、恩与仇、善与恶、美与丑、激烈与温馨的活剧，让今人谈起来依旧心潮汹涌。

印度的创世神话说天地人形成之前只有“自我”，世上的一切是缘于“自我”而成的。这“自我”便是万能的神，是万物的造主和主宰。

中国的创世神话，则有另一番情趣，表现了蒙昧时期中国的先民那天才的想象力。

传说，太初之始，宇宙一片空虚，不知何时竟然有了一个小小的气泡。气泡渐渐化作一团烟云，烟云又变化凝聚成为一个球体。球体日增月长，历经无数年终于成为一个通体红赤的大蛋状物。

这蛋状物里孕育了盘古。经过 18000 年，他终于从沉睡中醒来，挥动拳脚打碎这闷人的混沌。于是，天地开辟了。清而轻的阳气缓缓上升，成为清澈的天宇；浊而重的阴气渐渐下沉，凝为广阔的大地（这“阳”与“阴”的观念也是中国特有的，世界是阴阳调谐的产物。记住这一点，就又有了一把了解中国文化的钥匙）。被打碎的“蛋壳”升而为群星，降而为矿藏。但这时天地之间的缝隙还不大，盘古还不能伸展他的躯体和四肢。他不愿让天地重新闭合恢复先前的混沌，便双手撑天，两足踏地，用力将天和地分离得更高更远。于是，天，日升一丈；地，日厚一丈。盘古的身躯也以日增一丈的速度成长。又过了 18000 年，盘古成了身高九万里的顶天立地的巨人，天地之间的距离便是九万里，谓之“九重天”。

盘古创造的天地真是灵气十足。盘古高兴，天清气爽；盘古发怒，天就赶紧阴沉起来；盘古嘘气，狂风大作；盘古哭泣，一滴滴泪水化作倾盆大雨；盘古眨眼，天上划过闪电；盘古的鼾声，就是滚滚炸响的雷鸣。

伟大的盘古氏在自己开辟的天地间寂寞地生活了无数年，终于死了。他开天辟地的身躯又惊天动地地倒下。他的左眼成为太阳，他的右眼成为月亮；他的头是东岳泰山；他的两只朝天的脚化成层峦叠嶂的西岳华山；他高挺的肚子是俊美的中岳嵩山；他的左臂是南岳衡山，右臂是北岳恒山；他的血管成为江河；他的筋脉成为山梁道路；他的皮肉是肥田沃土；他的毛发是花草树木；他的牙齿和骨骼结成金玉；他的汗水化作甘露，滋润着万物。

我们头顶的天是先祖用身躯撑起的，我们脚踏的地是先祖的血肉之躯。珍爱故土的情感在这远古的传说中浓浓地表现出来，这是中华民族永远新鲜浓厚的情感。

盘古开天辟地的神话，不仅流传于汉族，还流传于中华民族的各个民族支系中，只是主人公的名字不同。中华民族大家庭的所有成员，都有一个共识：这便是我们的疆土，是由我们的先人用血汗开创的。这位先人是天地合一孕育而成，又用自己的勤劳创造世界。这种充分人格化的“神”，是中华民族独有的精神体现。

女娲抟泥造人

盘古氏开辟了天地，但在这天地里只有他一个人孤独地生活，又在孤独中死去。没有了盘古氏的世界，是大寂寞。天地间空空荡荡，连时间也仿佛停止了。中国的神话与传说甚至许多古典文学作品中常常流露出对寂寞与孤独的咀嚼和苦涩的无奈。这或许是古老文明的民族，在蒙昧时期从自己的家园怅然四顾，没有发现近邻与同伴，内心常觉空漠的反映。正如同今天的人类，在茫茫宇宙中还没有找到同自己相近的亲朋，感觉太寂寞，向遥远无垠的天外呼唤着另一种文明。人类多么需要彼此的呼唤和交流啊！

蛮荒的寂寞不知过了多少岁月，人类的始祖女娲氏终于出现了。在中国的神话中，女娲氏蛇身人面是阴柔的母性形象，来自盘古血肉之躯化成的大地。她不是天神，而是中国人心目中人类的老祖母。她不愿忍耐这寂寞，她要这美好的天地之间布满活泼泼的生灵。于是，她开始按照自己的模样来创造最初的人类。她抟黄土造人（这一点与普罗米修斯捏泥造人相似），把这些“泥娃娃”放到地上。奇迹出现了，这些“泥娃娃”一到地上，就生猛地活动起来，动手动脚，顾望四方，开口说话，又唱又笑。他们围在女娲氏身边，用整齐划一、饱含深情的声音叫道：“妈妈！”

女娲高兴极了，便不停地造人，日夜不息。她疲乏极了，索性用树枝蘸满泥巴在地上甩来甩去。泥巴点子落到地上，立刻变成人，登上高山、走下峡谷，布满东西南北。女娲氏又把人分成男女，使之相配繁衍出无数的后代，渐渐地成为人类，绵延不绝。

总之，中华民族56个兄弟民族，早在远古的传说中就是一母同胞，都是手足兄弟。这种各民族出自一个始祖的观念，与中华文明多元共生、多元一体的事实相符。“和”的观念早在先民的思想中扎下了根，成为中华文明的核心观念，这是中华文明中颇为独特的因素。

女娲补天

中国的创世神话与传说具有鲜明的特征，这就是朴素。它们与先民的生活密切相连。虽然缺乏希腊神话中那样多姿多彩、璀璨壮丽的风格，却让人感到格外的亲切，仿佛那神、那怪、那勇士、那巨人就是你身边的熟客。

中国的神话告诉我们盘古开辟的天地，是天圆地方的。天被地上的四根柱子撑起，地被绳子系着吊起。日久天长，天柱开始腐朽；地也绽开了许多裂缝，冒出烈火和臭水。天缝里则日夜滴下雨水，崩下冰雹和陨石。

有一年，火神祝融与水神共工发生了战争，共工战败，向天边逃去。祝融紧紧追赶，共工无奈，一头撞向了不周山。那不周山原来是撑天用的四根天柱之一，经共工一撞，顿时折断。于是“天倾西北，地陷东南”，西北的天空塌了一个大洞，天河的水如瀑布般流泻到地上，大地也开始摇晃、挤搓，洪水与烈火一齐肆虐。盘踞在中原沼泽中的凶恶的黑龙也趁机跑出来作乱，天地间陷入了无边的灾难。

遍布灾难的宇宙，成为人类的炼狱。人类伟大的母亲女娲不忍儿女和世界陷入如此惨烈的灾难，就走遍五湖四海收集起红黄蓝白黑五色石块，又捡来一堆堆柴草燃起大火冶炼石子。火烧了七天七夜，石子化成石汁，女娲就用它来修补塌陷的天空。她又奔赴大海捉来一只大龟，斩下它的四脚替代折断的擎天柱；她又斩杀了沼泽里作怪的黑龙，把凶残的野兽赶回森林。她扬起炼石的草灰，洒向涝渍的水域，铺平了原野，天地重又恢复了勃勃的生机，只是西北的天空和东南的地表无法修补成原先的模样，比从前稍稍地倾斜了一点。所以，日月星辰都在西天降落，而江河流水都滔滔不尽地奔向东南。

在人类所有的创世神话与传说中，还没有任何一个民族有与中华民族“女娲补天”相类似的神话。这反映了中华民族自古有之的“匡扶社稷”、补天而为的大局观。天者，国家、社会之类比也。补天的意思，就是要消弭灾祸、动乱，维系一个统一、和谐的社会整体，是和平、渐进的观念而不是躁进与动乱。因此，“补天”历来是中国人，特别是古往今来的仁人志士自觉担负起的社会道义。

中国的神话与传说还有许多生动的故事，各具特色。这是中国先民对理想社会的描述，对忠贞爱情的讴歌，对自然万物的珍爱，对惨烈战争的反思。有炽热如火的情怀，恣肆夸张的想象，温馨深情的颂赞和殷殷复拳拳的期待。了解这些神话传说，就迈进了了解中国文明之门。

二　现代中国的疆域和风貌

现代中国的疆域、领海与领空自然不是盘古氏开辟、女娲氏修补、共工氏平整而来。神话传说中的这些英雄，不过是先民对开疆拓土的祖辈的追忆与崇仰。中国辽阔的疆域是数千年来中华民族不断开拓、融合的结果。秦始皇、汉武帝、唐太宗、成吉思汗、元世祖、康熙等历代君王在奠定中国版图上，都有不可磨灭的功绩。现在中国的版图在清王朝康熙年间基本形成。那是 17 世纪的中晚期，日耳曼正处在和法国、瑞典战与和的争执中，英格兰则陷在镇压北美殖民地起义的泥沼里。

假如你有一部飞天的神车，载着你在今日中国的云端遨游，你会发现中国的陆疆就像一个硕大无朋的阶梯，从大海中浮出，由东向西，步步升高，直达云霄，仿佛真可以踏着它步入高天。

这部巨大的“天阶”，面临太平洋，背倚亚洲大陆，位于亚洲的东部和中部，兼有海陆，幅员广阔。陆地面积约 960 万平方公里，几乎和欧洲相等，是世界上面积最大的国家之一。她陆疆宽度东西长约 5200 公里，南北相距约 5500 公里。领土最北端是黑龙江省漠河以北黑龙江主航道的中心线，最南端是南沙群岛的曾母暗沙，南北跨纬度约 50 度。在北方万里飘雪的季节，南国却依旧鲜花铺地。中国领土的最东端是黑龙江和乌苏里江主航道中心线的汇合处，最西端位于帕米尔高原，东西占经度 60 多度。当东海捧出一轮新鲜的朝阳，帕米尔高原还沉浸在黑夜甜蜜的睡乡。

中国疆土的风貌，颇类乎美国：有崇山、高原、盆地、沙漠、丘陵、湿地、湖泊、河流、平原，组成了多姿多彩的广袤的家园。但是美国东西两侧面临大西洋和太平洋，中国只在东面被太平洋所拥抱。这又是这两个时差约 12 个小时的国家地理上的不同。

中国是个多山的国家。山区面积占全国总面积的 2/3 以上。东西走向、东北到西南走向、西北到东南走向的三类山脉，一列一列布满中国的疆土，就像交错的骨骼，挺起中国的身躯。

中国有号称“世界屋脊”的喜马拉雅山。其主峰珠穆朗玛峰位于中国、尼泊尔交界处，海拔8844.43米，是世界上最高也是最年轻的山峰，3000万年前刚从海洋深处隆隆地升起。假如你有一双穿云破雾的慧眼，又有足够坚韧的脚力，你应当攀上珠峰。那里是你远眺我们美丽地球的最佳瞭望平台。登上珠峰的勇士们说，立足在珠峰顶上，任寒风劲吹，云海、大地全在自己脚下，除了蓝天，再也没有可以仰视的东西。天下你最高，你会觉得无比自豪。同时，却有一个声音对你说，人在自然的伟力面前最渺小。这两种不同的感觉杂然而生，让你情不自禁地潸然泪下，想纵声高呼，想匍匐在地，向神奇的大自然奉上虔诚的礼拜。

珠穆朗玛峰的庄严、圣洁和神秘，让她永葆“美丽女神”的称号。

中国还有许多山峰具有深厚的人文意韵。在中国中心地区，泰山、华山、衡山、恒山和嵩山，位于东、西、南、北、中五个方位，被分别命名为东岳（狱）、西岳、南岳、北岳和中岳，仿佛是五根擎天柱支撑起浩浩的蓝天。这自然与中国古代的神话、传说有关。它们又分别成为中国道教、佛教的名山。古刹名寺修建其中，历代文人骚客在山壁题诗留言、镌刻于石。方块汉字、摩崖刻石，同幽寂的寺庙、峻峭的山峰组合成奇妙的风光，成就中国山峰最独特的韵味。所有中国的名山，无不与哲人、智者的学问、思想、踪迹有关，无不与深邃的宗教哲学有关。山以文、以人而知名，人也以山、以水而达天下。这是中国的山与别地的山格外不同的地方。

中国是个多河流的国家。江河流域面积在 1000 平方公里以上的河流就有 1500 多条，河川年径流量为 2.7 亿立方米，位居世界第六，而水力资源则位居世界之首。水力总蕴藏量为 6.8 亿千瓦，其可利用开发的为 3.7 亿千瓦。

中国的江河大多自西向东，滔滔入海，注入太平洋。长江、黄河、黑龙江、珠江等等，比肩东向；雅鲁藏布江、怒江等则南向注入印度洋，只有额尔齐斯河孤零零地向北奔流，注入北冰洋。还有些河流如塔里木河注入内陆的湖泊，有些则消失在沙漠里。

长江是世界第三大河，中国的第一大江，流长 6300 公里。如今在旧日狭窄的三峡，修起耸入云霄的大坝，建起水电站，滔滔江水改道而流，更富航运之利，又加灌溉之功。而且，往日三峡胜景今犹在，新的美丽又增加，当你乘着豪华游轮徜徉江面，和风吹拂你的面颊，梳理你的头发，听涛声如琴，看江山似画，你会觉得这是人生难得的一次休闲，你会永远记得这次陶醉。

黄河是中国的母亲河。多元一体的中华文明，在历史的年轮中渐渐形成以黄河文化为中心的丰富的统一体。黄河流域是人文先祖的主要活动区域，这里有太多的人文遗迹供游人瞻仰、凭吊。这里是全世界华人追根寻源的祖地，炎帝陵、黄帝陵、蚩尤墓都在这里。

公元7世纪初，在拜占庭帝国、波斯帝国（今伊朗）先后占领大马士革和耶路撒冷城的时候，中国的隋炀帝下令开凿自杭州至北京的大运河。这条河全长1794公里，是世界上最长的人工河，在过往的岁月里曾经舟楫相接，帆樯如林，成为中国南北水运的大动脉。从18世纪末19世纪初至晚清年间漕运渐废，北运河渐渐壅塞。如今，疏通北运河的工程正在进行，自北京登舟，一路烟波，赏美景，尝佳肴，直达“天堂”——

苏州、杭州的旅行，必将实现。

中国还是个多湖的国家，面积超过 100 平方公里的湖泊有 130 多个，除了五大淡水湖——鄱阳湖、洞庭湖、太湖、洪泽湖、巢湖之外，还有许多内陆的盐湖。近年来，又开发了许多人工湖泊——水库，如明珠镶嵌在大地上，浙江的千岛湖就是一个代表。

中国的湖泊除了有舟楫之便、灌溉发电之功，更兼提供丰富水产之利。青海湖中的鸟岛栖息着无数鸟群，白羽翩翩、鸣声啁啾，在茫茫的天际、水际间自由地飞翔，像是快乐的天使。还有的城市中的湖泊成为自然与人文叠加的美景，昆明的滇池，让人流连忘返；杭州的西湖，不仅有自然的美色，更有大诗人白居易（唐代）和苏东坡（宋代）修筑的堤岸。沿湖修桥植桃栽柳，杏花春雨时节，桃红柳绿，细雨洒桥，生出无限的诗意和柔情，加上沿岸的亭台楼榭，让游人不忍离去。扬州瘦西湖，在蒙蒙夜色里，二十四桥的倩影倒映湖中，淡淡的灯火与月色相溶，倘若再有笛声传来，那真是让人迷倒的景色。广东惠州的西湖也是苏东坡任地方官时所修，那景色可与杭州的西湖相伯仲。

中国的湖泊，常常入诗，是诗人给了中国的湖泊以艺术的灵性，湖泊又给中国的诗歌注入温情的营养。

中国的岛屿众多，沙漠浩瀚。有热带雨林，有北方原始森林。丘陵连接着广阔的平原，伸展至漫长曲折的海岸，又有各种天然海港吞吐着巨轮。“神舟”载人飞船呼啸着从古老的丝绸之路上空飞入天宇。神农架自然保护区的熊猫，或许正在甜甜地酣睡；美丽的“鸽子树”这活的植物化石向海岸的红树林致意；长江里，白鳍豚和扬子鳄自由地嬉戏；远离故土的麋鹿如今又回到家乡繁衍后代。

中国矿产丰富，已进入石油的生产国和销售国的行列。动植物资源丰富，在辽阔的疆域中有许多世上的奇珍。这些都是中国经济腾飞、和平发展的物质基础。如何保护这些和人类先民共生共长的动植物，是摆在中国面前的重要课题。保护生存环境，让中国的先贤庄子（战国中晚期）所描绘的人与动物、与花草树木和谐相处亲为一家的理想境界永存于世，是每一个中国人的重要使命。

三　和谐相处的民族大家庭

中华民族是一个庞大而又亲爱和睦的大家庭，有 56 个兄弟姐妹。各民族兄弟姐妹其实是在中华民族的发展中经过不断融合组成这个大家庭的。中华民族人数最多的民族——汉族，本身就是由不同的民族融合而成的。

在历史上，春秋战国、魏晋南北朝和元朝三个时期，是三次大的民族融合期。

上古时期黄帝部落、炎帝部落不断融合周围的部落，组成了黄炎部落，把中原地区、黄河中下游的各部落融合为一，这便是最初的华夏族。后来经过春秋战国 500 余年的竞争、混合与融合，到秦汉之际，以华夏族为主，兼容同化了蛮、夷、戎、狄诸族，形成了中华民族的主体民族——汉族。以蚩尤为首领的九黎族在向东南方向发展时，也同当地的各部落融合，分别形成今日南方的诸多民族。

汉朝与西域各民族和西南少数民族交往密切，这些民族逐渐成为中国民族大家庭中的成员；汉朝还不断同北方的匈奴族发生战争。后来，部分北匈奴西迁，逐步迁抵欧洲，引起欧洲的民族大迁徙。有的匈奴人南迁，居于长城一带。汉朝的王昭君嫁给匈奴的单于（首领），这支匈奴人同汉族关系密切。

魏晋南北朝时期，北方的鲜卑、羌、羯、氐等民族内迁黄河流域，同汉族杂居，一部分渐渐融入汉族，一部分则演化为今日西南各族。

经过魏晋南北朝时期的大融合，唐朝（618－907）达到中国古代历史上的鼎盛时期，各民族融洽地生活在一起。文成公主与藏族首领松赞干布结为夫妻，使吐蕃同中原的唐王朝建立了亲密的关系。

宋朝（960－1279）时，汉族与北方的契丹、女真族不断征战，但征战的双方最后都成为民族大家庭的成员。

元朝（1206－1368）结束了五代以来300多年的政权对立局面，长期各据一方的各民族政权，都被统一的国家政权所替代。大规模、多方面的民族迁徙活动一直不断，既有各少数民族人口不断迁徙中原地区，也有汉族人口不断迁入边疆少数民族地区，形成了元朝境内广泛的民族杂居局面，加速了民族融合的进程。西藏成为元朝的正式行政区，藏族人民成为民族大家庭的一员。中央政府设澎湖巡检司，将台湾、澎湖纳入版图。元朝的版图超过了以前任何朝代，建立了幅员广大的多民族统一国家。

明清两代，民族的融合也很迅速。在康熙皇帝的统治下，基本奠定了中国今天这个多民族统一国家的版图，形成了中华民族各兄弟民族共处的局面。

所以，中华民族大家庭的形成，是中国历史发展的结果，是各民族互相融合的产物。

在世界上，像中国这样多民族聚居而又统一的国家并不多见。民族区域自治是保持这种局面的良策。

从中国古老的神话传说中，可以窥见，中华民族大家庭中的每一个成员都有手足兄弟一母同胞的认知。中国古老的文明和历史发展进程，决定了“和”的观念深入人心，成为中华文明的核心观念。多元统一的局面是中华大家庭每个民族的共识。这也是孔子所说“和而不同”在社会制度上的体现。

因此，中国实行在中央政府领导下的民族区域自治政策，各民族组成和谐的大家庭。各级少数民族行政机构执行宪法所赋予的和中央或上级政府所交托的权力，根据自己民族的传统和习惯，建立自己的生活秩序。民族区域自治的范围，根据实际情况确定为乡（镇）、县、州、区四级。比如广西昭平仙回瑶族自治乡、河北省大厂回族自治县、延边朝鲜族自治州、云南红河哈尼族彝族自治州、新疆维吾尔自治区、西藏自治区、广西壮族自治区、内蒙古自治区、宁夏回族自治区等等。

这些自治区域无论大小，均有同级别政府同等的权力。这正是中国社会生活中一个独特的现象。了解各民族自治区的施政情况、人民生活，就会更加深刻地理解“和谐相处”、“和而不同”的真谛。

第二章

中华文明的起源和发展

一　中国人的先祖哪里来

大约是在古埃及托勒密二世打败叙利亚的时候，也就是罗马的皮洛斯战争（前 280 –前 272）开始的前后，中国古代伟大的诗人——楚人屈原（前 340 –前 278）写下了一首了不起的诗篇《天问》。这首四言长诗，以 172 个问题，质疑上古时代的一切神话和传说，真是放言无忌，发前人之不敢发，其勇气和睿智让今人读起来都要心潮激扬。他从哲学的高度，叩问天地万物究竟是谁创造，人类又从何而来？他不相信女娲造人的传说："女娲有体，孰制匠之？"女娲又是谁造的呢？

人类从何而来？屈原这个深沉的发问是人类一代又一代绵延不尽的永恒的问题，可惜至今也没有确切明白的答案。

人类学家自然不相信神祇造人的传说，即使是载入《圣经》的上帝创造世界和人类的故事，他们也不相信。他们相信达尔文关于猿猴进化为人类的论断。如今全世界的人类学家一致认为，地球上最早出现的古人类至少是在500万年前，以后演化为能人、直立人、早期智人等，大约10万年前进化为晚期智人。现在地球上生活的人类属晚期智人，或称为解剖学上的现代人。

500万年前的古人实际上是刚刚进入人类门槛的猿——类人猿。这种猿的化石最早从非洲出土，被称为南方古猿。而南方古猿的直系祖先是距今1400万年前的腊玛古猿，这种古猿的化石也最早见于非洲。但是，在1956年和1975年，在中国云南省开远市和禄丰县先后发现了与“腊玛古猿”同一时代的古猿化石。这一发现让中国的人类学家分外兴奋，它说明在莽莽的古老中华大地上有本地“土产”的猿类先祖，进化而为古老的中国猿人。中国人来自中国大地。所以在开远、禄丰，腊玛古猿化石的发现地，人们刻石建碑，永资纪念。于此先后，在印度等地也发现了这种古猿的化石，于是人类学家论断，说古人类的起源或许不止非洲一地，而是多地。比如东亚、南亚地区也是人类的发祥地之一。这样，印度、中国也是人类的故乡，这份荣耀大约可以安慰和回答屈原老夫子那永不休息的耿耿之心。在1921～1929年，中国发现“北京人”（距今50万年前）化石，中国人起源于中国，更成了结实的结论。可是1974年在东非大裂谷所在的埃塞俄比亚，人们发现了一具保存住40％遗骸的雌性猿人骨架，距今超过300万年，人类学家为她取了个甜美的名字——“露西少女”。加上非洲出土的大量早期人类化石，它们构成一个完整的进化体系，于是从1987年起古人类“生于非洲，走向全球”之说，再次风靡世界。自然，中国是古人类故乡的信念依旧在中华大地上坚挺地竖立着。

古人类的起源终于有了说法，现代人呢？是本地土产、古人延续繁衍的结果还是非洲人迁徙而来的后裔？

1987年三个美国人类遗传学家通过对非、欧、亚三大洲148位妇女身上线粒体DNA的研究，发现各大洲人种中以非洲人变异最多，从而证明非洲人历史在各大陆中是最长的。计算发现现代非洲人历史长达20万年，而现代欧亚大陆人历史只有13万年，人们由此断定现代人起源于非洲同一祖先，他们称这位老祖母为“非洲夏娃”。1999 年二十几位中国遗传学家通过研究中国 28 个群体 DNA 的 Y 染色体的遗传校证，认为中国现代人起源于非洲。他们认为大约 6 万年前，一部分非洲人从亚洲东南部北迁进入中国，完全替代了古老的北京人的后裔，而成为现代中国人的祖先。当时，有人认为在中国人类考古发掘中恰恰缺少距今 6 万年至 10 万年的人类化石，这处空白正好证明非洲人的来华成为现代中国人先祖论断的正确性。

倘使真的如此，想一想现代人的先祖，那些还有些猴子气的人们，拖儿带女过江渡海，跋涉在沙漠、荒原，进入欧、亚大陆，那是怎样艰难竭蹶、伟大的旅行啊，后人真该塑像以纪，向他们奉上永恒的虔敬。

有人问，假如真是非洲人入华，那么原先待在这里的北京猿人的后裔们哪里去了？答曰：或许是让漫天漫野的洪水灭绝了。当洪荒时代结束，非洲的先人们便踏上这块重又复苏却已荡然无人的中华大地，完全替代了原先的古人，繁衍出今日的中国人。

另一些学者则说，出土的人类化石才是比遗传学的佐证更加实在有力的证据。中国在20世纪80年代以后，出土了大量距今5万年至10万年的人类化石，比如：5万年前的西畴人、4万年至10万年前的昆明人、7万年至13万年前的柳江人、7万年至15万年前的鄂尔多斯人（河套人），加上腊玛古猿、南方古猿、早期智人、晚期智人大量化石的发现，构成了一个在时间上从未中断的系统的人类进化链条。而且研究发现，中华先民在约3万年前就从华北、东北、西伯利亚越白令海峡进入北美逐步遍及美洲。又有一路从华南、东南亚而入澳洲、太平洋岛屿，并从海上进入南美。所以，本土古人突然绝灭，而非洲先民突然进入各大陆替代消亡的原始人群或原住人类这种说法，只是假设和想象。

因此，现代中国人的祖先究竟来自何方依旧是争论不休的话题，没有确切的答案，是未解之谜。

不管现代中国人的祖先、远古中国人的祖先是北京猿人的后代还是连炎、黄、蚩尤也本是非洲人的子孙，中国先民在进入智人阶段之后，就创造了灿烂的文化和文明，这可是无可争议的。

二　中华文明的多元一体

文化、文明的概念

1899年（清光绪二十五年，己亥）几乎所有的西方强国都在忙于打仗。英国发动侵略南非德兰士瓦共和国的“布尔战争”；美国派兵3万镇压菲律宾人反对美国统治的民族起义。同时，在中国问题上，美国提出“门户开放，利益均沾”原则，要英、法、俄、德诸国在华势力范围对美国公开。澳大利亚的英国移民也组织军团开赴非洲，帮助英国军队进行“布尔战争”。

而中国颟顸的清朝政府，在慈禧太后的操纵下，一面追剿改革派，镇压义和团，一面与各国订立各项条约。

在这些万花筒式的纷杂世象中，北京发生了一件当时看来极为细小，连当事者本人都以为无足轻重，许多年后却被认为是揭开中华文明史华美一页的事情。

有一天，清王朝国子监（太学）祭酒（官名，相当于大学校长）王懿荣感觉到身上有些不舒服，就到药店里抓了一服中药。煮药时他忽然发现一味叫做“龙骨”（甲壳类动物的甲或动物的骨骼）的药材上刻有曲曲折折颇有变化的线条，很像人有意识刻上的什么符号。尽管他当时并没有清楚地意识到历史老人正把开启中华文明史大门的钥匙放在他的手中，但他也模糊地觉得这里可能大有文章。他毕竟是饱读诗书的文化人，经研究，他发现那“龙骨”上的符号乃是古老的文字。他又与当时的古文字专家一起研究，终于揭开了“龙骨文字”的秘密，原来那是3000多年前的甲骨文。

甲骨文是商代朝廷上利用龟甲、兽骨进行占卜的记事文字。自1899年迄今已经发现了约15万片，内容以占卜为主，也反映了殷商以后的祭祀、征伐、田猎、农业、畜牧、地理形势等社会各方面的情况，成为研究殷商时期的最重要的资料。甲骨文揭示了古老的殷商王朝的面貌，证实了早已湮灭的殷商传说在3000多年前曾真实地存在过。它也说明中国的文明悠远灿烂，早在殷商之前已经有了久长的文明史。

“文化”和“文明”是两个相关联又相差异的概念。一般说来，人类诞生以后一切物质的和精神的活动都属于文化范畴。文化是人类的专利。文明则是人类发展到一定阶段、特定的生产方式下的产物。严格说来，应当是在私有制出现以后。学术界对于文明的标准有严格的界定，一般认为，只有具备了下列几个条件，才能判断一个民族是否进入了文明时代，是否具有了文明。这些条件是：

（1）产生并使用文字；

（2）学会冶炼并使用金属；

（3）有了一定的政治、经济、社会中心，即产生了城市（有学者认为这城市中应当至少有固定人口5000）；

（4）有了宗教、礼仪。

以上四项，以第一、二项最为重要，因此判断一个民族文明史的起始，至少要确定前两项的存在，有三、四两项存在的佐证，就更加确定无疑了。因此，王懿荣手中的这几个甲骨文字的珍贵性就不言而喻了，他正掌握着证实中华文明史早已开启的铁证。

过去习惯的说法是：中华文明具有五千年悠久漫长的历史。这是指从母系氏族社会到父系氏族社会的转折期——炎、黄、蚩尤时代开始的，这是伟大的文学家、史学家司马迁的论述。中国学术界许多人认为应以河南二里头文化为中华文明史的起始，距今约 4000 年。这个年代比古埃及、巴比伦文明要晚 3000 年左右。

20 世纪 80 年代以后，中国考古发现了许多新材料，证明中华文明的起始时期应当大大往前推。1981 年在湖北宜昌市杨家湾遗址发现的陶片刻有抽象符号，就是早期的文字，距今 6000 年左右。那么，中华文明史当有 6000 年。

1983 年在河南舞阳贾湖又发现了契刻符号，有专家推论这是甲骨文的先驱，距今已 7000 多年。因此，中国有文字记载的文明史至少还可上推至 7000 年前。

1990～2003 年浙江杭州萧山考古发现“跨湖桥文化”。出土的独木舟，距今 8000 年，是世界上迄今发现的最早的独木舟，说明中国大陆东南沿海是人类最早发明和使用独木舟的地区之一；出土的木制弯弓，被称为“中国第一弓”，与出土的渔具一起，生动地揭示了当地先民的生活方式之一——渔猎；出土发现猪已被驯养为家畜；而陶器上的彩色图纹，说明那时的先民已经有了太阳崇拜的宗教意识。这个新石器文化的发现，证明跨湖桥文化正在或者已经迈向了文明时代。

1988 年在辽宁阜新发现的属“红山文化”的查海古文化遗址，发现了“女神庙”和冶铜坩埚片，使中国的悠久文明史可上推至 8000 年前。

中华文明史的 8000 个年轮就使得她和人类另外三个古文明——埃及文明，巴比伦文明，印度文明站在了同一起跑线上。

似乎这才符合人类进化的历程。考古学证明，人类的先祖几乎在同时进入旧石器时期，几乎同时发明和使用陶器，几乎同时进入新石器时期又几乎同时创造和使用文字。当中国黄河流域种粟时，伊拉克、伊朗、土耳其一带也开始种麦和扁豆；中国在距今 9000 年时开始有稻作文化，古印度于 6500 年前种稻；土耳其在距今 8000 至 9000

年时学会冶铜，这和中国红山文化的年代几乎相同。所以，人类智能的发展始终齐头并进，证明民族、人种没有优劣之分。在大自然平等赐予的外部环境下，我们各民族的先驱者都以自己可敬的劳作，拥有了只有人类才能具备的聪明和才智。古老文明史的起始，给我们今人的启示便是所有民族都具备同样的创造潜质，给他们以和平、平等、发展的机遇，他们都会成为了不起的民族。

灿烂的中华文明

中华文化在进入文明时期后呈现出一种极为宝贵的态势。黄河文化、长江文化、南方文化、北方文化、西南文化（云、贵、藏）五个文化带，都产生了璀璨的文化。中华文明表现出多元共生、多元一体的模式。她不是以一个文化带为中心向四方辐射，而是烂熳群星一般的文化，组成一个中华文明美丽的星空。

黄河文化

旧石器时代的典型是仰韶文化，早期距今

6000年左右，延续了千年以上。从青海、甘肃一直到陕西、山西、河南都有仰韶文化的遗址。1953年在陕西西安发现的半坡村遗址，更是这一时期的典型代表。半坡人已经种谷养畜，纺线织造麻葛，创造大型的草泥土木结构的茅屋，挖掘储藏粮食的窖穴。制陶工艺相当发达，彩陶器皿上有生动的动物图案，还有一些线刻的符号，很可能是早期的文字。

新石器时代黄河文化的代表是大汶口文化。1959年在山东大汶口发现，其年份相当于仰韶文化的中晚期，后期延续得更晚一些。大汶口先民使用的石器都用硬度极高的石料制成，有穿孔石斧、扁薄的石铲，工艺水平很高。想象一下那些手指如同树枝的先人们打磨出这么精美石器，你在惊讶之余，一定会产生由衷的感佩。那幽远的过去曾经有怎样火红的生活哟！发掘的墓葬中，有随葬的玉制品、饮酒器和精致的象牙雕刻。一号墓中还有一支孔雀绿色的骨凿，据测定其中含有大量的铜，说明他们已经懂得使用铜了。大汶口还有男女合葬的墓穴，证明他们已经有了一夫一妻的婚姻制度。随葬物多寡悬殊，说明他们已进入父系为中心的时代，贫富的差距也越来越大。

所谓旧石器时代和新石器时代的主要区别，在于旧石器时代的石器是“打”制石器，而新石器时代是“磨”制石器。一个“打”一个“磨”，一字之差，却度过了悠悠千万年，可见人类的进步是多么艰难。旧石器时代人们石、陶并用，以石为主；新石器时代人们陶、石并用，陶器为多。陶器的发明真是人类的一大进步，这古老的器皿，一直被我们使用到今天。

长江文化

长江文化是同黄河文化并行的中华文明重要的组成部分。长江文化泛指长江流域史前时期的人类活动。从考古发掘来看，长江文化在史前时期对中华文明乃至整个人类文明作出了伟大的贡献。首先，长江流域可以说是中国乃至世界稻作文明的中心。在湖南澧县彭头山遗址发现的稻谷，距今大约有 9000 年。这还不是中国史前时期稻作的开始，或许将来新的考古成就会告诉我们人类种稻起于多么遥远的远古。不过，长江流域至今也是世界稻谷生产最多的地区。

长江流域还是世界蚕丝业的起源地。中国是蚕丝生产的起源地已为举世公认，但究竟何时起源于中国何地，则争论不休。在河姆渡遗址发现了一个牙雕小盅，上面刻有蚕纹图案，一般认为这是野蚕人工驯化之始，距今约 6500 年。至于距今 5000 年前以上的崧泽文化，从出土的花粉中发现桑属禾本科花松非常多，说明那时的古人已经在山坡上植桑养蚕。5000 年前左右的良渚文化遗址，发现一副陶壶，在它腹部刻有五条头朝向一致的蚕纹。那蚕的模样与今日的家蚕极其相似，说明 5000 年前的良渚已经养蚕了。

长江流域还是苎麻织品的中心。在良渚文化遗址发现三块苎麻布是平纹织品，每平方厘米经线 2431 根，纬线 1620 根。5000 年以前的古人能织出如此精密的麻布，这是何等了不起的事情。

余姚的河姆渡文化遗址发现了距今 7000 多年的干栏式房屋建筑。以木桩构成框架，建成高出地面的房屋，以适应长江流域沼泽、湖泊、雨多的潮湿地带。那时还没有金属，木框均为榫卯结构，这种建筑式样一直传播到东南亚一带，至今还能看到它的身影。

长江流域还最早种植漆树，使用生漆也是长江文化的一大贡献。河姆渡遗址出土的木质漆碗，距今已有 6500 年左右的历史。到 5000 年左右的良渚文化时，生漆的使用已经普遍，连出土的棺板上都发现有红色漆的遗迹。

至于在四川三星堆发现的文物，已是殷商时代进入文明时期的遗存。有大量的青铜器物，兽形、人形的铜像或巨大的青铜面具。这些器物造型奇特、夸张。有一个宽 138 厘米重 80 多公斤的青铜面具，宽耳纵目，两个眼球突出于眼外，神秘而恐怖。更有大量的玉器，精美绝伦。一颗青铜神树高 384 厘米，上有九枝，立鸟栖息，枝下是低垂的硕果，一条龙沿树而下，仿佛再现中国古代关于扶桑的神话。三星堆文化所呈现的怪异和众多的文化遗存，引起了许多议论和猜想。许多人说，这是几处祭祀礼器的堆放地，证明了古代四川古蜀国（如李白诗中提到的蚕丛、鱼凫等国）的真实存在。但也有至今无法证实的谜团。于是有人说，这是外星文化的遗产，有人说是上一轮已经消失的文明的幸存物，也有人大胆猜想这是西方古闪族（以色列人）来华活动的遗物。

但是，其中大量文物与中原的龙山文化、长江的良渚文化具有强烈的共性，说明中华文明的多元一体，那些三星堆文化外来说都不过是过于聪明的猜想。三星堆文化中唯独没有文字符号出土，因此也为多种奇特的猜想添加了空间。

在成都附近发掘的金沙文化，稍晚于三星堆文化，也有大量的玉器出土，与良渚文化极其相似，也证明了古蜀国文化与长江文化的联系。金沙文化中有个太阳鸟的精美图形，四只神鸟绕日飞行。这已经成为“中国文化遗产”的标志。

长江文化还是玉文化的中心。玉石文化是中华文明中极其重要的部分。同重视黄金的西方文明不同，这也是二者的重大区别之一。中国人自古至今崇尚玉石，认为是天降祥瑞的神物，赋予它人世间一切美好的特性。上至镇国之宝、宗教礼器，下至凡夫俗子的配饰，玉石都是代表神圣高洁的首选之物，是为“君子”之物也。

春秋战国时代一个真实的故事可以成为中国人重视玉石的生动注解：

大约是希腊古代奥林匹克运动会兴起以

后不久，一个中国的诸侯国楚国（今湖北一带）的平民叫做卞和的，在荆山发现了一块被砺石包裹的璞玉，便去献给楚厉王。楚厉王请玉匠鉴定，玉匠说这是一块石头。楚厉王大怒，就砍去了卞和的左脚。楚厉王死后，楚武王继位。卞和又把璞玉献给楚武王，又被说成是用普通石头伪称玉石。楚武王又砍去了卞和的右脚。楚武王死后，楚文王继位。卞和抱着璞玉在荆山大哭，三天三夜，泪水变成了血水，他说："失去双脚固然可悲，但无人识得真玉，才更令人悲伤。"楚文王听说，就叫人凿去璞玉外面的砺石，里面果然是价值连城、晶莹剔透的玉。楚文王便命人制作成一面玉璧（圆形，扁而薄），成为国宝。这便是"和氏璧"。后来许多诸侯为争夺此璧，征战不休，以后沦落何方就杳无消息了。

这个悲怆、凄美的故事如今在中国几乎妇孺皆知。

2008 年，北京奥运会，就以荆山玉石和金、银、铜配伍制成奖牌，让这令人动情的故事更具有了勇气和毅力的精神，鼓舞人们“更快、更高、更强”。

北方文化

北方文化，也有学者称它为草原文化，这包含着北方中华民族各支系民族，鲜卑、柔然、突厥、契丹、女真、蒙古等的文化。

早在旧石器时代，各族原始居民就在北方广阔的草原采集、狩猎、游牧、农耕，各民族交替登上历史舞台创造各自的文化，成为中华文明的一部分。辽宁阜新查海古文化遗址，发现距今8000年的“红山文化”遗存，其雄伟的女神庙遗址令人瞠目，而大量玉器的出土，又让人不得不深思遐想。在内蒙古兴隆洼遗址也出土了玉器，更令人兴味盎然。北、南两个文化带相隔千万里，岁隔千余年，信息不通，来往不便，却有着相同底蕴的玉文化。

被称作“中华第一龙”的龙形玉饰便出土于北方。那祥瑞、高贵的内涵为中国各地各族所认同，足见中华民族各兄弟从古至今就越过时空隧道心意相通。

南方文化

在近年来的考古发掘中，广东、广西都有古人类活动的遗存。在香港，已经考古证实在新石器时代已有人居住。现在发现的新石器时代中晚期（距今 6000 年至 4000 年）遗址和青铜时期已进入文明时代（距今 3000 年至 2500 年）的遗址各有 30 多个。在这些遗址中发现大量磨制石器，以及带有绳纹和几何图纹的陶器。这些文物与仰韶文化稍有差异却与长江文化十分接近，说明这些先民或是南迁来的长江以南的先民，或是颇受长江文化熏陶的百越先民。广东、广西百越与闽粤先民的遗存说明他们也参与了中华文明的创造。

西南文化

云南、贵州、西藏地区的考古发掘，近年来收获颇丰。贵州省是中国旧石器时代出土文物最多的省份之一。贵州龙化石的出土曾经轰动世界，被认为是龙与鸟之间过渡中的代表。云贵高原上的先民创造的文化也是中华民族文明的一部分。

总之，在辽阔的中国大地上，几乎遍布文明的发祥地，处处有各民族的文化遗存。这些文化组成了一个灿烂的中华文明的星空。让我们展开想象的翅膀，追忆亘古的往昔，或者站立在时空隧道的那一端俯视新石器时代的中国。你会看见黄河岸边，有人在种粟，有人把活泼的鱼串上树枝放在石片上烧烤，有人在风中疾走，吟唱；在长江边捕鱼、织麻的人唱着温柔的歌，赤臂的汉子在搭建干栏式茅屋，另一批人在稻田里劳作；而北方粗犷的先民在牧牛在狩猎，一群群被驯化的马匹在风中纵情奔驰，鬃毛飞扬。夜晚星光下，中华大地处处是跳跃的篝火和野调无腔的歌声，还有那些踏歌起舞的人群。整个中华大地在太阳、星月的轮流照耀下，一片勃勃生机，这是一幅多么美丽的图画啊！

三　中华民族的人文先祖

公元前2500年前后，古埃及强大的舰队穿越波涛汹涌的大海，远达腓尼基和红海索马里沿岸，以武力保护贸易，整个国家正风行对太阳神的崇拜。而两河流域（美索不达米亚平原）下游的城邦拉格什也达到了极盛朝代，四处出击，吞并邻近的地区，将这些胜利刻在石头上。

这时的中国也开始了一场永远写在中国历史前几页的战争——“炎黄蚩尤涿鹿之战”。

这时期原来被各部族推为天下共主的神农氏已经衰败，不能号令天下。各部族纷纷动乱，互相侵伐，暴虐百姓。于是轩辕氏起兵代神农氏征伐那些不顺从的部族。

神农氏是上古时期的重要部族领袖——“三皇”（神农、轩辕、女娲）之一。他的部族发祥于陕西岐山东面的姜水之滨，是少典之子（一说是少典之弟）。姓姜，号神农氏，教民耕种，尝百草而医天下之疾，因而受万民拥戴，成为各部落的首领。但是年岁既长，能力日衰，加上当时水旱灾祸频仍，人们渐渐失去了对他的尊崇。他的部族中有一个青年人，代他行使权力，称为炎帝。他开始同轩辕氏分分合合，试图重振神农氏的雄风，再度号令天下。

轩辕氏就是后来的黄帝，关于他的出生有一段动人的传说。相传西北的蛟氏有个美丽的姑娘附宝，嫁给了另一个部落的首领少典（这位少典据说就是神农氏的父亲或哥哥）。一天，附宝见到闪电围绕北斗七星旋转，把大地照耀得通亮，有感而孕，25个月后在青丘地方生下一个男孩，姓公孙，号有熊氏。因他长于姬水之滨，居于轩辕山上，所以又改姓姬，取号轩辕。

轩辕氏渐渐成为部族的首领，拓展势力。他推行德政，教化万民，发展农牧生产，发明了打井、做杵臼、造弓箭、驯牛乘马、驾车、制造舟船等技术。他的妻子嫘祖养蚕缫丝，染制衣服，制鞋做袜。他的史官仓颉创制文字，臣子大挠占日月、作干支，乐官伶伦发明乐器，使他的部族渐渐兴旺起来。

轩辕氏的部族逐渐强大，周围许多部族纷纷加入他的部落联盟。为了更好地生存、发展，整个部落联盟由陕西西部向黄河中下游迁徙，东进而达今河北涿鹿附近。

另一个部落联盟的首领是蚩尤。据传说他是炎帝的至亲，甚至有学者认为炎帝和蚩尤实际上是一个人。不过，炎、黄、蚩尤是骨肉亲属，或是兄弟、或是叔侄，这是毫无疑问的。他们之间的残酷战争只能说明当时生存环境的恶劣。为了部族的生存，掠夺一块水草丰美的地盘，为此血腥争战，这是上古时代人类的悲剧。蚩尤率领着九黎部族，据说有 81 个或者 72 个部落，由长江中下游而达黄河下游，进入山东。想想这支浩浩荡荡的流浪大军在洪水的驱赶下不断东进、北上的狼狈相，你会丢掉一切关于上古时期先民生活自由、快乐的浪漫想象。尽管蚩尤部族已会冶铜，而且每到一地就冶铜不止，赶造兵器、农具（传说中把他形容为吃砂石喷火焰，铜头铜角的怪兽，实际上是把冶铜炉的样子移植到他身上），还是不能逃避饥饿和灾荒的追赶。

这时候进入山东和河北南部的炎帝部族与蚩尤部族发生了争战，炎帝战败，向轩辕氏求助。于是炎帝与轩辕氏结合成联盟攻打蚩尤。蚩尤的铜兵器优于他们的木石兵器和箭矢（轩辕部族的箭矢是以石头为箭镞的），加以蚩尤善战，部下骁勇，轩辕与炎帝的部落联盟久战不胜，便和蚩尤军在今涿鹿之野对峙起来。

当时的涿鹿水草丰美，沟壑纵横，水流蜿蜒，适合蚩尤九黎族的展开。而来自高原、旱地，只惯陆战的轩辕大军，不善水战。蚩尤军曾不断利用水道取得胜利，轩辕氏设法将蚩尤军引至沙原展开了生死大战。双方出动风伯旱魃、雨师雷神造成云雾弥漫、风沙漫卷、雷吼雨浇的场面。大自然的狂暴和搏杀的吼叫、伤者的哀鸣，让这场上古史上的开卷之战有难以想象的惨烈。最后轩辕氏制造指南车，引军走出迷蒙的战阵杀向蚩尤的腹地，终于擒住蚩尤，将他裂身处死。

胜利的轩辕氏，满怀怆然，这惨烈的战争让他心伤。他封蚩尤为战神，是为众神之首。许多后世的君王都虔敬蚩尤，每逢战事祭蚩尤像，举蚩尤旗。如今在河北、山东，还有多处传说中的蚩尤墓，民间不顾“胜者王侯败者贼”的正统思想而把蚩尤当做英雄永远崇奉。

轩辕氏被诸部族尊为天子，代神农氏，遂称黄帝。黄帝登岱宗（泰山）至崆峒，达熊湖，合符于釜山，邑于涿鹿之阿。在那神圣庄严的祭天大典和会盟誓师仪式上，他必定有复杂的心情汹涌在心中。看那风中猎猎起舞的旌旗，部卒手中的枪棍，他或许还为那血流漂杵的战场和遍地死者的亡魂心痛。

“黄帝”的称谓有这样几重含义：一是轩辕氏部落联盟的称呼；二是这个部落联盟首领中最德高望重者，例如代炎帝“践天子位”者；三是所有“践天子位”的部落联盟首领的统一称号。中国古代文献言简意繁，不能用“望文生义”的简单办法来理解。

炎帝、黄帝、蚩尤，都是中华民族的英雄。他们为了部族的生存而战，在战争中，又彼此交融，开辟了中华民族生息的沃土，无论胜者还是败者，他们的美名都永存于青史。炎、黄、蚩尤都是中华民族的人文先祖，这正日益成为中华民族的共识。

第三章

悠久的历史

人类上古时期的历史，总是给后人一种朦胧的感觉，因为无论是文字还是文物的资料都嫌匮乏，幸而有考古出土的文物让那些以往湮灭的历史，重又鲜活起来。而且，今天瞬息之间无远弗届的信息通道，也将远古时期的世界联系在一起，让我们认识中国古代史的时候，顺便找到了同时期发生在另几个古老民族中的事情，而互为参照。现在比古代真是方便多了。

2005 年 3 月 3 日，美联社发表了一则新闻，说是澳大利亚考古学家在埃及开罗以南 25 公里的塞加拉地区发现一具木乃伊，身披非常精美的珠子串成的衣服。埃及的遗迹最高委员会主席扎希·哈瓦斯说："这具木乃伊可能是迄今为止发现的保存最完好的木乃伊。"据棺木上的文字记载，这具木乃伊属于埃及第二十六王朝，距今约 2500 年，而这个墓穴却是埃及第六王朝沛比二世的私人教师梅里的。沛比二世在位的时间是公元前 2278 年至公元前 2184 年，距今已 4200 余年。

4000 多年前的古墓中竟隐藏着 2500 年前的木乃伊，这里一定有着神奇的故事，会让擅写通俗小说的作者大感兴趣。

我们感兴趣的是埃及的沛比二世当政时期正好是中国古代史上的“禅让时期”，至于那具美好的木乃伊就先等待科学家作出 DNA 之类的调查以后我们再加以叙述吧。

一 上古的原始社会

黄帝战胜蚩尤以后，代神农氏而“践天子位”。黄帝实际上是诸部落联盟的首领。他去世后，帝位传给儿子，儿子又传给孙子帝喾。这是公元前 2372 年的事情。公元前 2297 年，帝喾卒，帝位传至尧，由此开始了“禅让时期”。

尧很有能力，也很有决断力，杀伐奖惩，言出必行，在各部落中有很高的威望。他命羲和观测天象，判定历法，以 365 日为一年，置闰月以正四时。那时候黄河、长江发生极大洪灾，浊浪滔滔，席卷四野，千里平畴，均成泽国。尧命令夏部落首领鲧率众治水。夏部落是黄帝族的分支，由陕西北部东进最后定居在今河南嵩山至伊水洛水一带。夏部落由夏后氏、有扈氏等 12 个姓姒的氏族组成，首领鲧是轩辕黄帝的重孙。

鲧用水来土挡的办法，以“堵”治水。费九年之功，洪水反而越堵越泛滥，四面洪涝，浊浪流溢，民众陷于绝望。

年纪已老却雄心犹在的尧，将管水的共工氏流放。又放逐驩兜于嵩山，将蚩尤后裔三苗族迁徙，把治水不成的鲧在羽山处死。天下更加敬畏他。他在 70 岁时选择 30 岁的舜做他的接班人，而不是将首领的宝座传给儿子。年迈的尧将部落联盟首领的职权让给舜，并获得各部落首领会议的认可。这就是“禅让制”。舜接掌权力后，四方巡视，为水灾之祸痛心不已。舜采纳众部落首领的建议，派鲧的儿子禹来治水，并派契、后稷、皋陶等人协助他。

禹承父业，决心拯万民于洪灾，率部下沿长江东下，又溯黄河北上，走遍淮河、济水两岸，辨水势，查地形，足迹遍布千山万水。他认识到鲧治水方法的失败，改“堵”为“疏”。于是，开河道，清淤塞，筑堤岸，排渍涝，以木石制成的工具，实施艰巨的工程。禹和那些先辈的勤劳与毅力真令后人永远景仰。

禹治水，三过家门而不入，用 13 年，治理了许多大江河，终于让洪水驯服，涝渍消弭，原野上恢复了生机。禹又派擅长农耕的后稷将粮种分给众人，教民耕作，上古的中国重又获得了繁荣。

禹因治水与治业有功受到民众的拥戴。舜也顺从民意效法尧的做法，不传位给儿子，而将帝位传给禹。于是禹在舜之后，被推举为部落联盟首领，那一年是公元前 2140 年。由于他生于夏部落，故称夏禹，又被尊称为“大禹”，即伟大的禹。

我们可以用确凿的史料和文物判明，距今 4000 多年的夏朝是中国第一个朝代，禹是夏朝的第一位君王。

公元前 2095 年，禹因自己的儿子启才智俱佳，有威望于众，便将帝位传给他，从此打断了上古时候的“禅让制”，开始了父亡子嗣的世袭继承制。

数千年的中国历史宛如一条波涛起伏的长河。大约五六千年前，中国各地以不同形式先后进入母系氏族社会的繁荣期。大约四五千年前，中国各地先后进入父系氏族社会。

原始公社制社会，无论母系氏族还是父系氏族都没有私有财产，被许多后世人描绘成无忧无虑、其乐融融的时代。其实，这是因为原始社会人类的生存能力极其低下，处于蒙昧时期。一切所谓“平等、民主”，都不过是后人的附会。我们切不可把人类的幼稚期歌颂为人类理想的社会。当私有制诞生后，中国便进入了奴隶制社会，并由此进入了漫长的中世纪，那是一个起伏有致，辉煌同凄厉并存的说不尽的故事。

二　历史沿革与概况

先秦时期

夏朝

公元前 21 世纪，夏朝建立，禹的儿子启，继承了禹的首领位置，取得了权位。王位世袭制取代了禅让制，标志着传说中的原始大同社会宣告结束，中国进入了奴隶社会。

有意思的是，处在同一时期的另外几个古老文明也进入了奴隶制时代。例如，考古发现据有两河流域的乌尔第三王朝的大片土地，主要是由男女奴隶耕种，手工业也相当发达。

这时的夏朝出现了奴隶主和奴隶，设定了牧正、庖正、车正等官职，打破了血缘关系，把全国划分为九州进行统治，颁布了法律，建立了军队和监狱。

夏朝已掌握了青铜铸造技术，在河南二里头文化遗址还发现了制造骨器的作坊和陶窑遗址。夏已经能造酒，这不仅说明夏的手工业发展到一定水平，而且说明农业也有了大发展。

夏朝共14世、17个君王，历400多年。夏的第十七代王称为桀，是历史上有名的暴君。

夏桀（名履癸）不务修德而横征暴敛，竭尽民力供自己挥霍。他筑倾宫、修瑶台。大臣关龙逢谏阻，立刻被他囚杀。他又攻打有施部族，逼他们献出美女妹喜，从此更加纵情声色。又自比为太阳，光芒万丈。百姓们便指着太阳骂道："烈日啊，你哪天陨落？我情愿和你一起灭亡。"这"太阳"终于在公元前1711年左右坠落。那时候正是埃及农奴起义之后而古巴比伦也已被喀西特王朝灭亡。

商朝

汤灭夏建商，到盘庚迁都于殷（今河南安阳）以后的商朝，是中国历史上第一个小高潮。在此之前商朝曾屡次迁都，而定都于殷后不再迁徙，经济有较大发展。殷商的文化异彩纷呈，成为当时世界上的头等文明大国。此时的巴比伦正被敌人四方入侵，最后被喀西特王所灭。

商汤立国时，知道有位杰出人物叫伊尹，当时在有莘氏部落为奴。商汤便特意与有莘氏通婚，使伊尹以陪嫁奴隶的身份来到商国。汤立刻升伊尹为相。这位中国历史上第一位宰相擅长烹饪，他把治国与烹饪的经验结合起来，提出“治大国犹如烹小鲜”的思想，把治国之术叫做“调和鼎鼐”。他的这个政治策略思想一直延续不绝，成为中国君王统治国家的重要思想。

1928 年开始发掘殷墟（今河南安阳小屯村），至今已发现了无数的宝藏。那些青铜器、玉石器、牙雕、贝币等无言的历史文物，描绘出 3000 多年以前那座繁荣活跃的古城面貌。

想想吧，在亘古的荒原，竖立着一个个泥制的冶铜炉。炉火日夜燃烧，映红了天际，这是何等粗犷的画面。那时冶铜的“坩埚”曾被后人称为“将军”，每次熔铜约 12.7 千克，因此要浇铸一尊大鼎，需要许多冶铜炉一同进行。嘶哑又悠扬的吆喝声响起来，几百个奴隶一齐动作，喷着火苗的铜水带着嘶嘶的响声流向巨大的砂模。当朝阳升起的时候，荒原上便展现出一只只泛着乌光的青铜大鼎。后世发掘出来最大的一只鼎竟重达 875 千克，著名的后母戊鼎高达 1.33 米。这在今天也是项艰难的浇铸工程，何况是 3000 多年之前。

殷商的冶炼术和农业、畜牧业当时在世上处于先进地位。在古希腊，此时也开始使用青铜器，以犁耕地。在西亚和埃及，马匹开始渐渐用于军事和交通。在中国的殷商时代，同样处于先进地位的还有互通有无的交换业，当时交换地区远达东南沿海。殷墟出土了若干铜贝，这可能是世界上发现的最早的金属货币。后来，殷灭于周，周保留了殷人从事交换业的传统，于是，专门从事交换业的人便被称为“商人”。有历史学家认为，“商人”、“商业”、“商店”、“商品”等概念，都由商之遗民从事交换业而来，流传至今。

甲骨文的创制是商代伟大的贡献。商朝还创制了天干、地支纪日法，以及六十甲子、一年 12 个月、闰年 13 个月的历法，这在当时应当说是相当完备和科学的。

商代还有编制齐整的多声部乐队，可演奏出

优美的音乐，可惜我们今天再也无法聆听到了。

商朝共有 30 个王，至纣而亡。

《史记》中记载，商纣王是个暴虐的君王，“以酒为池，悬肉为林，使男女裸，相逐其间，为长夜之饮”。1983 年发现河南偃师商城水池遗迹，与《史记》所载相吻合。但不能确定这帝王之池，是盛水还是装酒的。据说，纣王好色，宠爱妃子妲己，对她言听计从。妲己想出种种淫乐游戏，迷惑君王，又以种种毒刑惩罚臣子，以致上下皆怨，国势日衰，终于被周王所灭。其实，商之灭亡，绝不会因为妲己一个女人，这只是显示了父系社会男权主义的特色：“女人是祸水”。

至于纣王是否是无道的暴君，至今争论不止。历来亡国之君总是被人诟病的，所以有学者说纣王的种种暴行多为附会。其实，他聪明勇武，在开拓中国疆土上立有大功。

西周

周文王、周武王建立西周，将殷商的奴隶制推向新的高度，是奴隶制社会的顶峰。西周官制完备，冶炼业、农业颇为发达，缫丝、织染独步时代。当文明程度很高的埃及人和两河流域的贵族只能穿亚麻织物的时候，西周的贵族已经穿着丝绢，普通百姓也穿苎麻了。

那时候，小国林立，周王为“共主”，他的威权实际上只达于他统治的中央地带。那巴掌大的地方称为“中国”，因为它是中央之都，象征着真正的权威，故而诸国争据，“中国”渐渐演化成整个国家的名称。在中国中世纪历史上，只有朝廷政权的名称，没有国家的正式统一名称。“中国”便是共认共知的名称。有人说“中国”两字是“世界中心之国家”的意思，那是可笑的曲解。

东周（春秋战国）

周平王迁都洛邑（今河南洛阳西），史称东周，从此分为春秋、战国两个时期。

春秋的名称据说是由孔子编撰的历史著作《春秋》而来。“春秋”的意思是“春秋代序”，岁月更迭，可转意为“历史”。《春秋》一书记载鲁隐公元年（公元前 722 年）至鲁哀公十四年（公元前 481 年）的事情，与“春秋战国”历史年代的断代相近。春秋时期从周平王元年（公元前770年）至周敬王四十四年（公元前476年），共295年的历史。

战国的名称，来自《战国策》一书。主要写七个强大诸侯国的历史，由公元前475年至秦始皇统一中国（公元前221年），共255年的时光。

这前后550年的历史，成为中国历史上最重要的一页。

春秋战国为秦汉时代的强盛做了各方面准备，具体表现为：

（1）经济上的准备。

周的先祖后稷就善农耕，所以，周是农业文明发达的氏族。西周至春秋战国近800年的岁月，农耕业仍然是中原地区主要的经济。农作物种类很多，号称“百谷”。同时，为了制造农具和兵器，冶炼术颇为发达。西周后期，出现了铁器；春秋后期，发明生铁冶炼技术。冶铁术和铁器的出现是生产力一次伟大的进步，使此后的大面积农田开垦和耕作成为可能，并使手工业从农业中逐步分离出来，促使旧有的奴隶制生产关系逐步瓦解而代之以封建制度的生产关系。纺织业、染色技术的发达也为人们经济生活的改善打下了基础。

总之，没有春秋战国时代冶炼术、农业、纺织、交换业的发达，就不可能有秦汉时代经济的繁盛。

（2）政治上的准备。

周初，分封诸侯，虽然使中原小国林立，形成纷争不休的局面，却也从反面提供了经验，使秦汉以后中国的大一统局面成为政治体制的主流。周朝诸侯为各地实际的君主，内部有卿、大夫、士的等级分别。各诸侯也分为公、侯、伯、子、男五等爵位。中央政权则设太师、太保辅佐天子总理朝政，司徒管农田，司空管百工，司马管军事，太史管天文、历史，太卜管宗教祭祀等，这种政治制度与政治经验也为秦汉两代的君王所借鉴。

（3）思想与哲学上的准备（理论准备）。

春秋战国时期是中国文化思想最活跃的时期之一，是中国文明初构时期的探讨阶段。各种问题、各种思想、各种方法论、各种对策彼此争鸣。

这极为活跃的思想交锋，使中国古代的哲学、文化达到了空前的繁荣。孔子的儒学、老子的道学、墨子的兼爱、韩非子的法治等等都成为日后中国文化的主要内容，相容而互补。

哲学，特别是关于社会与道德的部分是统治阶级治理国家的理论根据。春秋战国的百家争鸣为秦汉的强盛奠定了理论基础。

一位德国学者雅斯贝斯在他的《历史的起源与目标》一书中曾断言，在公元前 800 年至公元前 200 年左右，人类出现了一个文化轴心时代。他说，这时候只有三个或四个地方产生了哲学，其他任何地方都没有，这就是中国、印度和希腊，或者还可以加上以色列。他们对宇宙和人生提出了理性的超越性（超越时空）的思考，由此确定了各自的思维方式。实际上这四个互无联系的古老文明都提出了相同的问题，而回答却是各不相同的。人类至今的文化，依旧是这四种文明和思维方式的延续、发展和变化。雅斯贝斯所说的这个“文化轴心时代”正是春秋战国时代。

秦汉时期

秦朝

秦朝可说是中国中世纪社会，也是整个中国历史上第一个高峰期。

战国时期，齐、楚、燕、韩、赵、魏、秦七个诸侯国争霸，称为七雄。秦王嬴政雄才大略，锐意改革图强，终于以七雄之一兼并六国，统一中原，建立了中国历史上空前统一的大帝国，开始了长达 2100 多年的封建法统，实乃“千古第一帝”也。

秦王灭掉赵国之后，燕国太子丹非常恐惧，就派武士荆轲去刺杀秦王。荆轲的好友高渐离是击筑（演奏古琴）的好手，在他的筑声中，荆轲常常把剑舞到出神入化的境界。荆轲明知刺杀秦王是有去无回的任务，但“士为知己者死”的侠义心肠和灭掉强秦为六国复仇的决心让他慷慨赴命。为了能受到秦王的接见，他带上秦王悬赏捉拿的樊於期的人头和燕国伪称献给秦王的督亢地区的地图，临时还找了一个少时就杀过人的武士秦舞阳做随从。高渐离赶到易水河畔为他送行击起筑来。荆轲在筑声中高声放歌：“风萧萧兮，易水寒；壮士一去兮，不复还！”筑声激越，歌声悲怆，风声凄切，水声呜咽，送行的人们白衣白帽，都潸然泪下。这是中国历史上最悲壮的画面之一。

秦王召见荆轲，同行的秦舞阳被秦王的威仪吓得手脚发软。荆轲只好独自上前。他献上樊於期的人头，又打开督亢的地图，一把寒光闪闪的匕首显现出来。荆轲抓住秦王衣袖，拿起匕首刺向秦王。秦王挣断衣袖跳向厅堂绕柱而走，卫士们都不知所措。秦王好不容易拔出长剑，荆轲被御医投来的一只药袋击中，秦王才砍断了荆轲的左腿。荆轲奋力将匕首投向秦王，没有刺中，秦王又砍向荆轲。身受八处剑伤的荆轲靠在柱上朗声大笑，秦王的大臣们一拥而上，斩杀了荆轲。

秦王终于灭了燕国统一中原，称始皇帝。

高渐离决心为荆轲复仇，就乔装前往秦国咸阳，他击筑的名声让酷爱音乐的秦始皇将他召进宫。始皇知道了他的身份后，就用马粪熏瞎了他的双眼，依旧让他在宫中奏乐。高渐离将融化的铅块注入琴箱，使筑成为沉重的武器。那天，他在宫中演奏，精妙处让始皇动情，不禁走近来倾听。高渐离突然将筑击向始皇，始皇躲开，卫士一拥上前，始皇盛怒，下令处死高渐离。

荆轲、高渐离刺杀秦王的故事是中国文化中独有的“义”的精神的体现。这故事越两千年岁月依旧新鲜，成为许多艺术家钟爱的题材，其原因就在于“义”的精神原则由古至今脉脉承袭。

两汉

汉分西汉、东汉。西汉从公元前 206 年至公元 8 年。此后发生农民起义，刘秀击败各路军队在洛阳称帝，重建汉朝，称东汉。东汉自公元 25 年至公元 220 年。

刘秀帝号光武，是中国历史上极为少见的中兴之帝，文修武备，也为中国历史作出不小贡献。可惜，他统治下的王朝已不复西汉强盛的局面。因此，汉的繁盛顶峰期还在西汉，即所谓“文景之治”及其以后的武帝时期。

汉朝是在秦末农民起义的基础上建立的。汉高祖刘邦原为沛县一个管理十里地方的亭长，他起兵反秦，重用智士贤达爱惜将士民众，深受百姓欢迎。另一位起兵反秦的壮士是项羽，原为楚国贵族的后裔，勇武才俊，是盖世的英雄。秦王朝在义军的战火中圮败，刘邦先攻入咸阳却又悄然退出。而号称西楚霸王的项羽进入咸阳却坑杀了秦军降卒，传说还焚毁了阿房宫（据今考证，阿房宫遗迹皆无，是否有过这个王宫还值得存疑）。汉王刘邦与楚王项羽开启交战之火，最后刘邦大军将项羽的军队围困在垓下（今安徽灵璧东南）。入夜时分，刘邦大军十面埋伏唱起项羽士兵家乡的楚歌（湖北一带的民歌）。楚军士兵纷纷垂泪，无心再战。项羽和爱妃虞姬面面相觑，帐外项羽的坐骑宝马乌骓嘶鸣不止。项羽不由悲歌："力拔山兮气盖世，时不利兮骓不逝，骓不逝兮可奈何，虞兮虞兮奈若何!"（"我力拔山冈的气力盖世无双，时运不济啊乌骓马也不能驰驱沙场；乌骓不能驰驱又将怎样，虞姬、虞姬呀我们又能怎么样?!"）

虞姬悲不自胜，勉为项羽歌舞，然后突然拔剑自刎，死在项羽的怀中。项羽诀别爱妃，召集部下，突出重围逃至乌江（今安徽和县附近）。面对追兵，项羽慨然自道"无颜见江东父老"，说罢挥剑自刎。“霸王别姬”和“乌江自刎”的往事依旧是今日中国人耳熟能详的壮烈故事。汉朝既然在秦末农民起义的基础上建立的，所以汉初实行“轻徭薄赋，与民休息”的政策，社会政治经济开始出现良性循环。到了第四代第五位君王刘彻，即著名的汉武帝时终于达到了鼎盛的局面，在政治、经济、文化、民族关系与中外交流等各方面都取得了重要成就。

汉武帝的主要作为是：

（1）政治上，他进一步削弱诸侯王的权力，打击地方割据势力，使秦开始的中央集权制国家至此才真正巩固下来。他加强中央集权，改革用人和选任官吏的制度，为后世历代王朝所沿用。

（2）经济上，他改革币制，发展商业，兴修水利，促进农业，实行盐铁专卖，以增加财政收入。经济上的空前繁荣，使他有强大的军力去征战四方。

（3）军事上，他与不断进犯北部边境的匈奴族骑兵进行了三次大战，巩固和发展了多民族国家，奠定了版图。

（4）在对外关系上，汉武帝派张骞出使西域，沟通了汉与西域的关系。从此，东亚与西亚、中亚乃至北非，渐次交流，中国的丝和丝织品得以从长安西运西亚，甚至直达地中海、埃及亚历山大城。这条长达7000多公里的著名的“丝绸之路”把中国和欧亚联系起来。当驼铃和马蹄声飞扬在沙原、胡杨林和苍茫的山野上空时，谁能想到这是人类创造的饱含雄健悲怆诗意的商业之旅呢？“丝绸之路”不仅使东方人开阔了眼界，带来了异域的特产和见闻，而且把当时处于领先地位的中华文明经由中西亚传向欧洲，为促进世界文化的发展和东西文化的交融作出了伟大的贡献。今天，它以某种神秘和不羁的开拓精神激扬着人们的想象力和热情。古老的“丝绸之路”似乎可以成为今日东西方文化交流的“范本”，重开“丝绸之路”的呼声成为旅游业的一大题目，吸引着越来越多的人。

另外，汉朝还出现了伟大的史学家、文学家、思想家司马迁。他如椽的大笔不仅创造了纪传体史书《史记》，准确、生动地记述了从上古至当时的历史，为后世留下了宝贵的财富；他那飞扬的文采也成就了无数篇瑰丽的华章，为后世中国散文树立了典范。而他秉笔直书不为尊者讳的公正的写作态度，也为历来的史家所推崇。他的经济、军事、文化、政治思想也卓尔不群，为后人所重。无汉武则无司马迁，无司马迁则无汉武业绩之流传。这结论似乎专断，但也庶几近之，不为大过也。

西汉末年，佛教开始传入中国。东汉时，蔡伦改进造纸术，张衡发明地动仪，张仲景、华佗将医学发展到令人仰视的程度，都是了不起的成就。

汉代的文明之光耀人眼目，在历史的底片上留下了清晰的痕迹，乃至今天“汉人”成为中国大部分人群的代称。中华民族中最多的一支被称为“汉族”。“汉文”、“汉医”、“汉学”等等，成为外部世界对中华文明部分领域的称谓。

汉代所处的时期正是强大的罗马由共和转为帝国，并逐渐走向分崩离析的时代。在中国西部曾经发掘出罗马人的骨架，甚至至今还有罗马人的后裔生活在那里。这是那时远征东方的罗马帝国的士兵，还是他们遗留在中国的子孙，至今还是个未解之谜。总之，那时的中国与西方已经有了密切的交往。

魏晋南北朝时期

东汉正式灭亡是公元220年汉延康元年，但在这之前，汉也只存虚名而已，中国实际上陷入蜀汉、曹魏、东吴三国分立相争的局面。这段历史被陈寿的《三国志》如实地记录下来，后来又有罗贯中撰写的小说《三国演义》，成为中国家喻户晓的奇书，许多生动的故事将流传永世。

公元208年，正是罗马帝国皇帝塞维鲁率兵亲征不列颠之时，中国也发生了著名的“赤壁之战”。曹操以汉天子之名率领十万大军攻打刘备。逃到长江南岸夏口（今湖北武汉）的刘备，听从了军师诸葛亮的建议，与东吴的孙权联合抗曹。诸葛亮出使柴桑（今江西九江西南）去见孙权，说服孙权与刘备建立抗曹联盟。十一月初，孙刘联军与曹军在赤壁（今湖北蒲圻西北）相遇。天寒地冻，北风呼啸，曹军不惯水战，又不服水土，病者无数，只好撤到江北与江南的孙刘联军对峙。曹军为了适应北方士兵不习水战的特点，便将战舰用铁链锁在一起。曹操又接到孙权部下大将黄盖的“降书”，信以为真。在约定的日子曹操率军起锚过江，准备与黄盖汇合攻击孙刘联军。谁知天上突然卷起东南风，黄盖率十艘战舰，满载干柴向曹军战舰驶来，临近曹军，十艘战舰突然燃起熊熊大火，直扑曹军船阵。曹军战船因铁链拴在一起无法逃避，陷入烈火之中。火借风势愈加猛烈，曹军纷纷跳水而逃，溺死无数，曹操狼狈而归。从此，逐步形成魏、蜀、吴三足鼎立的局面。“赤壁之战”中诸葛亮的精明和通晓天文地理的军情才干和外交才能，孙权部下周瑜的强悍和自矜都显露无遗，他们都成为杰出的历史人物。“赤壁之战”也成为中国文艺永恒的题材之一。

公元 476 年，西罗马帝国灭亡。西方跌进长达 1000 多年极其黑暗残酷的中世纪，而中国也进入魏晋南北朝的后期，这正是中国文化史上一个极为重要的历史时刻。魏晋南北朝有长达 393 年的纷争，经济、生产艰难前行，文化与科技却硕果累累。数学家祖冲之计算的圆周率数值（π值），已精确到小数点后 7 位，比西方数学家早 1000 多年；地理学家郦道元的《水经注》、农学家贾思勰的《齐民要术》都是极重要的科学著作。

左思的诗赋、王羲之的书法都流韵无尽；嵇康的《广陵散》至今还被奉为雅乐的典范；画家顾恺之，至今是民族的骄傲；陶渊明的诗文则流传永世；刘勰的《文心雕龙》与钟嵘的《诗品》是最早研究文学与诗歌本体规律的经典；曹操、曹丕、曹植父子（合称“三曹”）以其文学成就，成为中国文学史上不灭的星辰。

北魏的大同云冈石窟、河南洛阳龙门石窟，十六国时开凿的甘肃敦煌石窟，都是人类的文化瑰宝。

魏晋南北朝时期是中国历史上的民族大融合时期，特别是北方，“胡人汉化”、“汉人胡化”，胡汉交融的局面维持了近一个半世纪。中华民族内部形成彼此学习、交融混合的状态，这在当时的文化遗存（如石窟的佛像）上就可看出。今天许多汉族姓氏来自“胡”人，也有许多汉族人是“胡”人的后裔。这种开放与交流大大促进了中华文化的发展，为后世的盛唐文化奠定了基础，为统一创造了条件。

魏晋时代，玄学大炽。这是中国哲学史上的

辉煌时期。以“竹林七贤”为代表的当时的先锋人物，在自身之外发现了大自然伟大的创造力、无尽的美和予人以超凡想象的空间；对内发现了人自身潜在的无限的创造力。在“天人合一”的思想下，主张率性地弘扬人的创造力和个性。他们的言行成为一时追慕的对象。他们给哲学、文学、艺术开辟了活泼自由的创造空间和风气，留下灿烂的艺术成就，影响所至使隋唐乃至宋明时期的文风都呈现出鲜活和浪漫的格调。研究中国文明，切不可忽视这个纷争的时代。

隋唐时期

中国封建社会的第二个高峰期便是公元 581 年至 907 年的隋唐时期。

这是中国古代史上辉煌璀璨的时期，唐的繁盛是今天无论有多么丰富想象力的艺术家也难以想象的。

公元 581 年，当拜占庭帝国的罗马将军毛利斯在君士坦丁堡大败波斯人的时候，中国的北周大将杨坚迫使北周皇帝退位，自立为帝，国号曰隋，建都长安。在消除了北方突厥军事威胁之后，他挥师南下。公元589年初，隋军仅用4个月的时间就灭掉江南的陈国而统一了全国。杨坚（隋文帝）实行一系列改革政策，使得隋朝国富民足，人口骤增，仓廪丰满，只好下令“寓富于民”。中国的版图东起大海，西达大漠，出现了罕见的富足强大的气象。杨坚次子杨广弑父杀兄夺取了皇位，是为隋炀帝。历史上历来指责其荒淫暴虐，使强隋迅速崩溃，只留下一条人工开通的京杭大运河，作为隋朝的遗存，今天依旧起着不可替代的作用。

唐朝在隋末各地起义军纷乱的战事中建立起来，却也承继了隋朝强盛富足的家业。唐朝有两个著名的皇帝，一个是唐太宗李世民，他发动“玄武门之变”杀兄逼父，登上皇位；另一个是唐玄宗李隆基（亦称唐明皇），他是武则天的孙子，关于他的传说、演义和诗歌，演变流传历千余年而不衰，依旧活跃在今天的银幕、荧屏，闪现在文字中。

开元盛世

唐太宗李世民从纷乱的战事和前朝的倾覆中认识到“水能载舟，亦能覆舟”的道理，采取轻徭薄赋、休养生息的政策，倡节俭，促生产，使经济迅速发展。他广开言路，征召贤良，实行科举制度。又以和亲政策代替征伐，与各兄弟民族友好往来，国势大盛。这便是有名的“贞观之治”。

唐代的鼎盛是在玄宗明皇时期，他的“开元盛世”成为中国历史清明富足的典范。应当说他是个幸运的皇帝，李氏皇族的先皇为他积累了家业，武则天又为他巩固了政权和江山，加上他年轻时文修武备，任用贤良，整顿吏治，实现了政局的安定，为社会经济的发展创造了条件。由于农业生产基础雄厚，商业也随之繁华兴盛。他又加强军事防务，巩固了北方和河西走廊的安定，使国力强盛，声威远震，各国使者往来不绝，长安城里欧、亚各国商人云集。他清户籍，查土地，加强财政管理，使唐代累积的财富更加充实。唐朝大国雄踞亚洲，睥睨四方，俨然世界文化中心。海外诸国咸来交往，各国使臣、商人、侨民居住在长安者达5万余人（占长安100万人口的5%）。长安城街巷如网，行人如织，商品充实，歌台舞榭，笙歌不绝，成为当时世界上最大最繁华的都市。可惜，唐代的长安毁于战火，为历史的风尘所湮没。今日的西安是明代的城池，唐代的遗迹只留下大雁塔、青龙寺等少数建筑，还在漠漠长空下细数着往日繁华的记忆。

晚年的唐玄宗，渐渐丧失了年轻时的锐气和锋芒，又为盛名与政绩所累，逐渐耽于声色，且又闭目塞听，整天和贵妃——曾经是自己儿媳妇的杨玉环欢谑。于是，朝政日废，内乱生起。“安史之乱”让他仓皇逃往巴蜀，在部下的威逼下，不得不将杨玉环赐死。这悲剧成为后世诗人、编剧人写作的好题材。玄宗的儿子继位后，唐朝转向衰落。

唐朝是中国中世纪辉煌的时期，也是那个时代先进而开放的国家。陆路海上的通道遍及四方，贸易交换的地域广达太平洋、地中海、印度洋。东亚、波斯的商人，足迹几乎遍及中国，西亚、北非与大唐的商贸交易也极为活跃。各国的僧侣、学者、留学生千里迢迢来到中国。仅日本就先后派遣过十多个遣唐使团，乘船漂洋过海来到长安，从官员、僧侣直到诸工百匠“对口学习”，有的还在唐朝应举为官。他们都将当时先进的大唐文化传向日本各地。隋唐时代，科技、文学、天文历法、医学、哲学、建筑、绘画、音乐、舞蹈乃至服饰、礼仪，都成为世界一时之风尚，为许多地区特别是东亚各国所仿效，甚至流行至今。

公元 8 世纪初，即女皇武则天逝世后，处在黑暗的中世纪的西欧诸国同东方的商贸交通几乎完全断绝，中国成了一个遥远而神秘的国度。而唐代却是中国向外部世界学习的盛世，中外文化的互融，达到中世纪的高峰，玄奘取经的故事便是一个永远鲜活的例证。

玄奘取经

玄奘（600－664）姓陈名祎，河南洛州偃师人，13 岁出家，法号玄奘。他精通许多佛典，但仍不满足，决心到天竺取经。贞观元年（公元 627 年），他上书太宗请求外出取经未获批准。但他决心不改，趁太宗同意饥民四出就食的机会，化装混在饥民中，走出长安踏上求法取经的漫漫长路。他历尽艰难险阻，几次命悬一线，都以坚忍的毅力战胜人为和非人力所及的艰险，九死一生，终于到达目的地。当时的天竺分为东西南北中五部，玄奘遍历五天竺寻师求学，成为当时最有学问的十名高僧之一。

贞观十五年（公元641年）正月，当拜占庭帝国宫廷发生内乱，最后由君士坦斯即位之时，在天竺举行了一次全天竺的佛教学术辩论大会，参加的会众达几十万人，公推玄奘为“论主”（主持人）。大会持续十八天，玄奘精深的学问、虔诚的心态、雄辩的才能受到全体与会者的拥戴。在万众欢呼声中，他被拥上大象背上的华座巡行会场一周，并被大乘教派奉为“大乘天”，被小乘教派奉为“解脱天”，这是至高无上的荣誉。

玄奘于贞观十九年（公元645年）携带657部佛经，大批佛像及南亚花果种子回到长安，受到唐太宗及群众的热烈欢迎。一心取法的玄奘谢绝了唐太宗的封赏，开始了19年的译经伟业。他第一个将天竺译为“印度”，即“月光照耀之地”。月光是佛法中极具诗意的象征，是说真理就像澄明的月光一样，浸润着世界和人类的心灵。玄奘译出了佛经论75部，1335卷，1300多万字。又将他行程5万里，历时17年，西行取经所见所闻，口述实录成《大唐西域记》。公元664年（唐麟德元年）二月初五，64岁的玄奘在完成了他的伟业后于玉华寺内逝世，安葬时，100多万人在长达500里的路上为他送行。

在盛世之时，玄奘就忧心于民族精神的空乏，决心以个人不可动摇的壮举，为属于自己的民族，属于自己的世界，寻求信仰和精神力量。他虔诚的心灵，百折不回的实践，他要将真理撒向众生的精神，无论如何是值得永远崇敬的。

玄奘去印度取回佛教的典籍，藏于长安弘福寺。佛教东渐，中心逐步移向中国。基督教与伊斯兰教也在此时传入中国。各国的文化在此时渐渐与中华文化相融，有不少渐渐演变为中国的“土产”，如西域的果品、乐器，波斯的织锦，印度的雕塑，朝鲜的医书、药材等等。

唐代的文学成就

唐代的文学更是光芒四射。初唐的四杰（王勃、杨炯、卢照邻、骆宾王），盛唐高适、岑参的

“边塞诗派”，王维、孟浩然等自然风光的吟诵者都如天上的明星。而“诗仙”李白、“诗圣”杜甫那永垂史册的瑰丽诗篇已经成为中华文明的结晶，与天地共存。其后的白居易、韩愈、孟郊、李贺、杜牧、李商隐等一大批诗人的诗作也都各具特色。研究这一时期的文学高峰和诗人群体的现象，永远是文学理论界的重大课题。

全世界的诗人们似乎都和浪漫的爱情有扯不断的联系，但唐代诗人崔护的故事似乎更具东方色彩。

一年清明节，风和日丽，长安城外游人如织。青年诗人崔护因举进士不中而郁郁寡欢，独自一人漫步在长安城外。他在南庄见到彩霞般绚丽的桃花，心情为之一振，不觉口渴，便到一人家找水。那家的门开了，一位美丽的姑娘为他端来茶水，又身倚桃树凝望着他，眼里流露出温存的目光。崔护也心生爱意，两人脉脉相视，依依不舍。告别后，崔护竟无日不思梦牵魂绕，那美丽的影子总是徘徊在他的心中。

第二年清明，崔护又急忙忙赶去南庄，见桃花依旧繁盛，却门扇紧闭不见人影。无限怅惘的他在门上题写了一首诗——《题都城南庄》：“去年今日此门中，人面桃花相映红。人面不知何处去，桃花依旧笑春风。”题罢怅然归去。几天后，他又来到此门前徘徊逡巡，不知所以。一位老翁见到他，扯住他衣袖说：“你就是在我门上题诗的小伙子吗？你可把我女儿害苦了！去年清明以后她就神情恍惚，几天前她看了你的诗，回家后就水米不进，眼看要死。”说罢大哭起来，崔护赶忙请求进门一见。老人把他推进门去，果然见那当年的女郎，如今气息奄奄，形容枯槁病倒在床。崔护急忙走到床前，流着泪说：“我，我来了，我在这里。”那女郎竟然睁开双眼，惊喜之下，病竟自好了。全家大喜，一对有情人喜结良缘。崔护于贞元十二年（公元796年）登进士第，官居岭南节度使。

这“人面桃花”的情诗，流传千年，至今几乎中国的青年学子人人会背诵，大约也都心仪那桃花般灿烂的爱情。

神秘的法门寺出土文物

1987年，在陕西咸阳扶风发掘出法门寺地宫，使埋藏了800多年的大唐文物得见天日。其中有在佛教史上位置殊显的佛指舍利，各种供品，还有金、银、玉、琉璃等等器物珍宝，更有秘色瓷等久绝于世的奇珍。那堂皇的地宫不仅还原了一个佛教密宗的中心曼陀罗（道场及供奉仪轨），证明佛教的中心已移至中国，还以实物勾勒出大唐文明的辉煌。地宫出土文物不须考古论证，因为所有物件均有明细账目乃至制作工匠姓名的勒石记载，与文物一齐出土。这法门寺地宫文物涉及佛教史与佛学乃至茶、纺织、染色、琉璃、金银制作、玉石雕制、中外文化交流等诸门学科，本身就是一个活的书库与博物馆。文物遗存显示的是唐由中期向晚期嬗递时的水平，已不复盛唐的烂漫，但那令人瞠目的璀璨依旧让人心跳，盛唐的富足简直难以描绘。

五代十国时期

隋唐的高峰一过，中国历史之河便进入了一个低谷期。五代十国的53年中，中国境内政权林立，争战不休。但南方相对安定，农业生产水平逐步超过北方。文化上，画家辈出，词进一步发展，南唐后主李煜婉约的词章流传于世，亡国之痛更使这位政治上的庸才成为文学上的高手。

这时期真正的政治俊才应当是后周的统治者柴荣，他在政治、经济、文化、军事上都锐意改革，以期统一中国。可惜，壮志未酬身先死。幼子继位，禁军统帅赵匡胤发动陈桥兵变，“黄袍加身”，建立了宋朝。

有意思的是，中国这53年的动荡期，也是全世界不安定的时代。无论亚洲、欧洲还是非洲，都充满了王朝的争权夺利，国家间的你争我伐，还有宗教分歧引发的争执。不管是拜占庭帝国，还是教皇统治下的土地，都在动乱中颤抖。难道世界上的人类必须同享苦乐吗？

宋 元 时 期

宋代——中华文明的鼎盛时期

赵匡胤建立的宋朝，定都汴京（今开封），后来，他的后人迁都临安（今杭州），称南宋，共历18帝320年。无论北宋还是南宋都是军事孱弱、国势衰落、版图缩小、国力式微的朝代。尽管有赵匡胤这样的“明主”，却一直未能解决好与北方诸强邻的关系，与之先后并立的辽、金、西夏等少数民族政权不断与宋争战，使300多年的大宋王朝始终过着提心吊胆的日子。

然而正是这样一个朝代，却在中国文明的建构上起了至关重要的作用。中国文化自春秋战国百家争鸣、诸派纷起，经秦汉魏晋隋唐的融合、交并、梳理、归纳，再加上与外部世界文化如佛教、基督教、伊斯兰教文化的彼此渗透，在宋时渐渐条理清晰。宋明时理学大炽，对中国的主流学派儒学经典进行了注与疏，渐渐形成以儒、释、道为支柱的中国传统文化架构。一方面有了严谨的结构和体系，另一方面又以开放兼容的姿态吸收外部文化的精华，使中华传统文化有了稳固的基础和发展前景。这一进程大致完成于宋代。于是，这个孱弱的时代在文化上就有了独特的地位。

给世界带来深刻影响的中国的四大发明，除造纸一项是东汉人的发明外，其他三项（火药、活字印刷、指南针）都在北宋时期最后完成。

北宋的官制也颇为完备，乃至后世的资本主义国家如英国，将北宋一整套文官制度搬去实行，而许多国家又向英国学习。

北宋初年确也歌舞升平，张择端的《清明上河图》将繁盛移至画纸。那舟楫往返、货物如山、店铺鳞次栉比、道路车水马龙之景确也动人。可惜好景不长，一面是帝京上元灯火亮，一面是边塞烽火急，宋朝的日子真不好过，连宋徽宗、宋钦宗都被金兵掳去。朝廷南迁，依旧荒唐度日。岳飞被害的故事就发生在这个时期。

岳飞（1103－1142），字鹏举，相州汤阴人（今属河南），南宋名将。他孤军奋战，抗击金兵，屡获大胜，收复了北宋时代许多失地。他力主收复幽燕十六州，为高宗和权相秦桧拒绝。他率军进击中原，在百姓的支持下收复大片失地，正准备渡过黄河时，却被高宗以十二道金牌逼催召回临安（今杭州），又被奸臣秦桧诬陷，以“莫须有”的罪名杀害。岳飞成了保家卫国的英雄象征，受到人民歌颂。岳飞出征前，他的母亲在他脊背上用针刻写了“精忠报国”四个大大的血字，为他壮行。在抵御外侮时，“岳母刺字”的故事和岳飞慷慨悲壮的精神，成为鼓舞中国人民斗志的鼙鼓。他那首激情昂扬的诗篇——《满江红》，曾经鼓舞了无数抗敌保家卫国的中国军人的心。而秦桧则成为卖国贼的代表。如今杭州的岳庙里还有秦桧夫妇的跪像，世世代代受游人斥责。

宋金的对峙成就了中国少数民族蒙古部落的铁木真。他统一蒙古，称“成吉思汗”，他和他的子孙挥师西征，半个世纪中蒙古骑兵向欧洲进行了三次大征讨。成吉思汗的子孙在今天中国的新疆和俄罗斯、伊朗、中亚等地建立了四个汗国。南宋经 40 多年的抗争，终于以文天祥“人生自古谁无死，留取丹心照汗青”的悲壮诗句结束。公元 1271 年，忽必烈建大元于中原，定都北京，称大都，建立了中国历史上第一个由少数民族统治全国的朝代——元朝。

元朝——多民族国家的统一

元朝的功绩在于结束了唐以后370年的分裂、战争局面，又一次实现了多民族国家的统一。元朝的疆域远超盛唐，“北逾阴山，西极流沙，东尽辽左，南越海表”，现代中国的版图已初步确立。

元朝于大都成立政教合一的宣政院，管辖西藏地区行政，西藏成为元朝正式的行政区。云南各兄弟民族也融于中央政权之下。元还设澎湖巡检司，管理澎湖和琉球，将台湾纳入版图。

元朝的对外关系达到中国古代的鼎盛期。亚洲诸国早与中国有密切的联系，这时的交往更超越先前。欧、非大陆诸国此时都与中国有了商贸来往。意大利青年商人马可·波罗就是在这时来到北京，在兴旺的大元帝国生活了17年，而后在返回故乡威尼斯后写了《马可·波罗行纪》。这部内容不无夸张的著作，引起了西方对中国长久的不可抑制的好奇与钦慕。

元朝的宗教政策比较开放。各种宗教都在中国迅速发展，特别是伊斯兰教在元代大为流行。一个使用汉语信仰伊斯兰教的新民族——回族，在元明时期逐渐形成。

元朝中后期，政治极其腐败，民族压迫与阶级压迫交织在一起。于是，各地义军蜂起。公元1368年朱元璋的军队攻入大都，元朝灭亡。自忽必烈建国至大都城破，元朝统治中国共历98年。

宋元文化科技的发展

宋元时期，除了文化上的功绩外，在科技方面也繁星如炬。四大发明都进入广泛应用期：活字印刷开始使用；指南针已用于航海，使中国有了世界上最大的船队；兵工厂造出了类似燃烧弹的火箭，元代还开始使用世界上最早的金属管形火炮；宋朝的沈括写出伟大的科技著作《梦溪笔谈》；元代的郭守敬在建设大都时，建立了当时最先进的天文中心；黄道婆改革纺织工具，使纺织业得以发展。

宋代的苏东坡、李清照、辛弃疾、陆游都是诗词大家，他们的作品将永世流芳。元曲作家关汉卿、王实甫、白朴、马致远使中国戏剧走上了成熟的辉煌期，他们生活的时代大约比莎士比亚早200年。

程颢、程颐兄弟和朱熹的理学研究，将传统

哲学总结、综合，给后世的影响是毋庸置疑的。司马光编写的《资治通鉴》记载了1300多年的历史，完善了中国史书的编年体系，弘扬了读史鉴今的历史学观。

自然，还有王安石的变法。那是一次在维护封建统治的前提下，如何更好地解决地主与农民之间的矛盾，使国家得到更多经济收益，企望“民富国强”的一次失败的试验。

这一切，都为明清时期的到来打下了基础，使中国的封建社会开始向新的生产方式转变。虽然这种缓慢的发展遭到扼杀，以悲壮曲折的斗争步入近代的历史，但是对中国封建社会这些积极变化应当给予一定的重视。

中国古代社会正是在这样一种状态下进入明清时期的。

明清时期

这是中国封建社会结束之前的一个高潮，犹如一出戏剧在落幕之前的一次剧情的跌宕。

这一时期是中国古代向近代发展的重要时期。

中国近代的衰落，明清时期是个关键，寻找中国近 200 年来落伍的原因也应当由这一时期开始。

明代——资本主义的萌芽

明朝于 1368 年开始，定都应天府（今南京）。明初，中国依旧处在世界的领先地位，封建经济继续发展，GDP 依旧位于世界前列。至明朝中后期，商品经济活跃，资本主义萌芽已稀疏出现，特别是江南一些地区，从五代十国时已开始形成经济中心，此时正向新型的市民经济过渡，比较活跃。明朝又是在元朝的废墟上建立起来的，必须小心地对待民族关系。而汉族统治的中央集权制政权，无论是模式还是经验都只存在于史籍，朱姓皇帝和他的助手们都缺乏实际的感受，98 年蒙古族的统治已将汉族朝廷的印象洗得模糊。所以，朱元璋采取了一系列适应时代利于国计民生的政策，使大明帝国迅速得到巩固。他死后，朱棣在争夺皇位的斗争中取得胜利，继承皇位，是为明成祖（永乐皇帝）。

明成祖朱棣是个争议颇多的皇帝，他称帝后主要做了三件大事：

（1）迁都北京。北京是朱棣的发祥地，又是辽金元的故都，便于控制全国政局，也可加强对北方蒙古人南犯的防御，再加上当时运河已经疏通，可以解决南粮北运问题，所以，朱棣虽已在南京登基，仍开始在北京大兴土木，建造宫殿，要把北京作为首都。永乐十九年（公元 1421 年），宫殿基本建成，于是朱棣下令正式迁都北京，形成今日北京的格局。

（2）派郑和出使西洋，制定“兵不征南洋十五国”的和平外交政策。建立起世界上最强大最先进的船队，宣扬传播中华文化，与海外进行贸易。

（3）编纂《永乐大典》。这是中国也是世界上最早最大的百科全书，全书共 22877 卷。可惜这部浩瀚巨著在后来的岁月中遭到毁损，特别在公元 1900 年八国联军侵入北京时被烧毁或被盗运出国，目前在世上仅存近 800 卷。

明代初期西方社会还处于黑暗时代。但自 14 世纪文艺复兴思潮开始萌芽至 15 世纪初，自但丁开始，而后一批意大利文艺家高张人性复归的大旗，冲破宗教势力的牢笼为新生的生产方式高声呐喊，为工业革命开辟思想道路。而中国，在人文思想上却缺少这样汹涌的潮流，开始了文化上相对滞后的状态。

明代中后期，中国的商品经济获得了大发展。徽商和晋商两大商业集团的崛起和兴盛，在明清史中占有独特的地位。江南一带出现了一些新型的工商业城镇。一些完全脱离农业的工商业者，一些完全没有生产资料只靠出卖劳动力为生的手工业工人，成为新的市民阶层，在这些城镇里十分活跃。明清时代的一些小说、话本，如“三言二拍”（三言指《醒世恒言》《喻世明言》《警世通言》，二拍指《初刻拍案惊奇》《二刻拍案惊奇》，是当时流行的世俗小说）中就记载了这些情形，也描绘出当时追利逐富、活泼恣肆的民风，显示出资本主义早期社会生活的某些特征。延续了千年的实物地租在一些商业发达的地区转化为货币地租，白银作为金属货币广为流通，有价证券（纸币）在宋时就已出现，此时更为流行。而丝绸、瓷器、茶叶、麻棉等货物又源源不断出口，白银从国外流入中国。南京、北京的人口都在百万以上。大运河上千帆竞渡，帆樯成林；长江沿岸的武昌、汉阳成为贸易中心。自给自足的自然经济受到冲击，新的生产方式呼之欲出。

这时候内忧外患也开始加剧，新生的外国资本主义国家正处在殖民时期，疯狂掠夺是其重要的外部特征。荷兰、西班牙、葡萄牙等不断以海盗的方式侵袭中国，以日本浪人和中国沿海奸商流寇为主的“倭寇”也不断骚扰边海。内部流民四起，宦党乱政；辽东地区的女真势力崛起，也屡屡进逼。

1601年苏州纺织工人起义具有特别的意义。它意味着中国手工业工人已作为新的市民阶层的主体之一进入政治层面的生活，这是中国古代史上的新现象，说明资本主义手工工场的生产方式已经成为不可忽视的存在。

有清一代——封建时代的衰微和结束

1644年李闯王（李自成）的农民起义，虽然推翻了大明王朝，却不能以新的政治纲领来适应新的生产方式的发展。

闯王进京，崇祯皇帝自缢在景山，大明王朝结束了长达277年的统治。李自成未能建立农民自己的朝廷，接续明代江山的是大清帝国。

清军入关，一开始还想实行“圈地政策”，例如把北京划成几个地区驱逐居民，由旗兵驻守，但后来意识到这种政策的失误。在劝说清朝顺治皇帝和摄政王废弃“圈地政策”的过程中，德国科隆来的传教士汤若望起过重大作用。如今这位传教士的坟墓还完好地保存于北京，成为中德人民友好交往的象征。

清军所到之处，汉族及其他各族群众反抗甚烈。表面上看是所谓的发式之争，“留发不留头”，实际上却是坚守汉文化传统还是适应满族文化传统，是发展先进的生产方式还是向滞后的生产方式看齐的斗争。这反映在越是资本主义经济发达地区，斗争越是惨烈这一特殊历史现象上。历来民风温文儒雅的江南地区，反抗却远超民风雄健的北方。扬州军民誓死不降，城破之日清军连续烧杀十日，被害者达80万人（“扬州十日”）；嘉定则连续三次遭清军屠城之祸（“嘉定三屠”）；江阴城军民坚守80多天，城陷时全城仅余53人，余皆牺牲。这说明先进的经济发达地区最不能容忍生产方式及生活方式的后退。至于强令薙发剃头，以死相胁的高压政策，更是使以汉族为主体的中华民族心灵上受到一次大摧残。在生死面前，整个民族被迫抛弃传统生活方式，而屈服于强权保全性命。虽是中华民族内部的争拗，也还是给民族心态一个大扭曲。传统的“君子死不免冠”的气节受到了一次沉重的打击，给后世的影响绝不是积极的。这应当是历史学家和伦理学家研究的问题。

清代前期的几位皇帝不囿于本民族传统，而是以开放的心态吸收整个中华民族各支系的先进文化，形成自己的政纲。他们甚至吸收西方的传教士为本朝官吏（如德国传教士汤若望），并且发挥其在科技、天文、数学、化学上的技能，将西方的科技应用于中国。

入关后的第一个清朝皇帝顺治就是爱好学习的才俊，可惜英年早逝。顺治十八年（公元 1661 年），顺治逝世，他的第三子玄烨即位，改元康熙。康熙是极爱学习颇有作为的皇帝，他喜爱读史，从历史中汲取经验教训，用以治国。他即位的时候，明王朝刚刚亡国不到 20 年，强大的明王朝走过 277 年漫长的道路怎么会一朝倾覆？他阅读了大量的史册，又细读《明实录》探讨明朝亡国的教训。他在位时正是西方空前变革的时代，科学技术不断涌现。康熙帝向比利时传教士安多学习天文仪器和算学知识，又向法国传教士张诚和白晋学习欧几里得和阿基米德几何学。他认真虚心的学习态度感动了这些西方传教士，他们在回忆录中描述他的学习状况，称赞这位中国至高无上的皇帝。康熙帝曾亲自测验西洋历法，发现日食的推算出现了偏差。康熙三十五年（公元1696年），他在亲征噶尔丹行军途中准确地测量出喀伦的高度及其与京师的距离。次年，他又测量出宁夏与京师的距离。他还多次测量黄河、淮河、永定河、子牙河等水利工程的地形和水文。能这样做的皇帝，在明清两代所有皇帝中只此一位。

在康熙治下，中国虽然在世界之林中开始进入落伍的大门，但在国内，总体上仍保持了一个繁盛的局面。

清代“康乾盛世”（指康熙、雍正、乾隆三代）是与汉初的“文景之治”，盛唐的“贞观之治”、“开元盛世”齐名的封建社会的辉煌期。但是这时的世界正处于“产业革命”（公元 1644 年）初期，资本主义生产方式使生产力获得了解放，机器与工厂都如雨后春笋般地出现。于是，原来落后于中国的西方迅速起跑，迅速前行。中国封建时代这最后的辉煌，已是落日前的夕照。

中华文明此时亟须调整与发展，新兴的生产方式亟须突破封建主义的文化桎梏。然而，统治者却变本加厉地实行残酷的思想文化专制主义，扼杀各种新思想。在乾隆时代，正式实行闭关锁国政策，阻断了中国与外部世界的联系，使中国的发展大为缓慢。而已走上自由资本主义阶段的西方诸国在经济、技术、军事上突飞猛进，终于超越了中国。

一向在贸易上处于劣势的西方诸国再也抑制不住自己的欲望，英格兰的统治者以鸦片贸易为先导，继之以大炮军舰，用武装贩毒贩子的手段叩开了中国的大门。1840 年的鸦片战争改变了中国历史的进程，一个田园诗般的缓慢前行的中国，几乎被外来的强权撕碎，沉入屈辱的没顶的泥淖。

中华文化亟须内部的融合、调整与发展，亟须汲取外部文化的精华，以适应社会进步，但却未能及时实现，这是中国近200年来渐次落伍的内因；而资本主义列强的侵略打断了这个缓慢的进程，这是中国近代落后的外部原因。

但是，中华民族的仁人志士不甘落伍，为振兴祖国作出了可歌可泣的伟业。

1838年9月20日，林则徐向道光皇帝上书禁烟，引起道光皇帝的重视，被封为钦差大臣。林则徐雷厉风行，虎门销烟，轰动中外。他不惧英国“船坚炮利”，率广州军民痛击武装毒贩子，翻开了中国近代史上反抗外来侵略的光辉一页。但昏庸的清王朝迫于英军的武力威胁，慌忙下旨流放林则徐，与英军谈判，签订了中国近代史上第一个卖国条约——《南京条约》。1842年夏，林则徐踏上流放新疆伊犁的戍途。秋初，他在西安与夫人郑氏道别，吟道：“苟利国家生死以，岂因祸福避趋之。”将以身许国、不计个人荣辱的志气展示人间。

林则徐的好友魏源坚决支持禁烟活动，提出“师夷之长技以制夷”的主张。魏源将林则徐主持编译的《四洲志》扩充编写，于1842年写成50卷的《海国图志》，后扩为60卷，1852年又扩为

100卷。这是中国人自己编写的介绍各国情况的里程碑式的划时代巨著。它打开了封闭百多年的国门，对开启民智具有极大的意义，并对日本的“明治维新”产生了良好的影响。当魏源赶赴京口（今江苏镇江）与北上充军的林则徐会面时，江风白月，二人对酒无言，唯相看通宵，依依惜别。他感叹林则徐空有屠龙之志，未能一展抱负，但仍坚持寻求良药良策，再来救国救民的精神。他的感喟，正是一切爱国知识分子的共识。

1851年1月11日在洪秀全领导下爆发了太平天国运动。太平军于1853年3月19日攻破南京，改称天京，定为都城。但由于没有适应时代的政治经济纲领，又脱离群众，领袖内部也因腐败倾轧猜忌，终于演出了自相残杀的惨剧。1864年3月天京被围，6月1日洪秀全病逝。7月19日天京陷落，太平天国运动失败了。

清朝后期，国势日衰，列强侵侮，割地赔款，中国处在被列强瓜分的状态。一些觉醒的中国知识分子开始寻求救亡图强的良方良策。当他们发现俄国、日本等国通过变法而迅速强盛之后，便以为中国也可循此路而行。于是，以康有为为首的维新派，发动了一场变法图强的维新运动。

康有为，1858 年生于广东南海。梁启超小他 15 岁，是广东新会县人，他们都是维新派的领袖。梁启超少年有为，才华出众，16 岁时乡试中举，又拜当时有“康圣人”之称的康有为为师，一起探索祖国的命运。1894 年 6 月，康有为、梁启超一起进京会试。7 月，日本挑起“甲午战争”。次年（公元 1895 年）4 月 17 日，中国以战败国的身份签订了《马关条约》，这奇耻大辱让在京会试的 18 省千余名举人陷入“天旋地转”之中。特别是台湾省举人，得知台湾被割让给日本，更是“垂泣请命”。“四万万人齐下泪，天涯何处是神州”。康有为遂派梁启超奔走联络。5 月 2 日，18 省 1300 多名举人集会于松筠庵（今北京宣武门外达智桥），康有为慷慨陈词，力陈《马关条约》之耻，以及不变法不足以救国的道理。群情激愤，公推康有为起草上光绪皇帝书。康在 1.4 万多字的奏折中提出“下诏鼓天下之气”、“练兵强天下之势”、“变法成天下之治”的主张，呈送清廷，这便是近代史上著名的“公车上书”。奏折虽未送达皇帝，但这却是极其勇敢的爱国行动。这次会试，康有为中了进士，又在 5 月底上书光绪帝，受到光绪赞扬。康、梁决定加强变法的宣传，先组织“强学会”，集合起一批志同道合的仁人志士。康有为出钱办了《万国公报》，后改为《中外纪闻》，附于《京报》（官方报纸）发行。1897 年，德国强占胶州湾，沙俄强占旅顺口、大连湾，中国被瓜分的大祸迫在眉睫。康、梁认为时机已到，再次赴京向光绪帝第五次上书，奏折虽未上达，但却在京中官吏间传抄，津沪报纸也予以披露。1898 年 1 月 24 日上午，光绪帝传康有为到总理衙门议事。1 月 29 日，康有为第六次上书光绪帝。光绪帝接折后十分兴奋，放在案头不时翻阅。6 月 11 日，光绪帝下旨“明定国是”，宣布变法，废八股改试策论、废书院、裁减冗员、兴新学、办报纸、广开言路，任用维新人士推行新政。至 9 月 21 日，共行新政 103 天，史称“百日维新”。当天，以慈禧太后为首的顽固派发动宫廷政变，幽禁光绪于瀛台，康、梁逃亡日本。28 日下午 4 时，谭嗣同、杨锐、林旭、杨深秀、刘光第、康广仁六人，被斩首于北京菜市口，这就是“戊戌六君子事件”。谭嗣同这位年仅 34 岁的变法斗士，拒绝流亡国外，他激昂地宣告：“各国变法无不从流血而成，今中国未闻有因变法而流血者，此国之所以不昌也。有之，请自嗣同始。”他抱着必死以醒国民的决心，慷慨就义。临刑时高呼：“有心杀贼，无力回天。死得其所，快哉快哉。”表现出凛然正气。康、梁赴日后继续推行改良救国运动，并在学术上多有建树，成一代宗师。特别是梁启超在文学、史学研究上建树极多，1929年逝世前已留下1000多万字的论著。他还将谭嗣同的遗著《仁学》整理发表，将他“冲决罗网”的精神洒向神州。

改良主义运动失败了，但这些志士爱国爱民，敢为时代先，勇于牺牲的精神，永远是后人的榜样。

1840年鸦片战争以后，中国开始进入一个悲壮凄凉的时代。中华民族历史上从未有过的丧权辱国的奇耻大辱，此后接二连三发生。列强瓜分中国，亡国惨祸迫在眉睫，而清朝政府除卖国以求荣之外，更加严酷地钳制新思想，扼杀新事物，旨在巩固自己的统治。打出“自强御侮”旗号的“洋务运动”没有使中国富强起来；连改良主义的

“戊戌变法”也被镇压，只落了个“百日维新”。颇有抱负的光绪皇帝载湉和维新君子们只有发出苍凉的浩叹。中国的封建王朝及其赖以生存的封建文化和法统，成了将中国推向泥沼的恶势力。除了革命，中国再无出路。

中华民国时期

辛亥革命

历史之河进入20世纪后，中国发生了巨大的变化。在伟大的民主主义革命先行者孙中山先生的倡导下，1911年10月10日，武昌起义发动了，推翻了封建的清王朝，第二年建立了中华民国。1911年是中国的辛亥年，故称“辛亥革命”。

孙中山（1866－1925）名文，字德明，号日新，后又改号逸仙。他在日本进行革命活动时曾化名中山樵，因此后来又称孙中山，并以此永留青史，名闻全球。他出生于广东香山县翠亨村，幼而聪敏好学，曾自喻为“洪秀全第二”。稍长，随母至檀香山，先后就读于美英人士主办的意奥兰尼学校和奥阿厚书院，第一次接触到西方社会政治学说和自然科学的基础知识。1883 年，孙中山入香港拔萃书室，次年又转入域多利书院，再入广州博济医院附属南华医校，后转入香港西医书院，期间结交了忧国爱民的伙伴陈少白等人。起初他是想“借医术为入世之谋”的，后终觉“医术救人，所济有限”，遂弃医从政。

1894 年冬，他在檀香山成立了中国第一个民主革命团体——兴中会。翌年 10 月，与陈少白、郑士良等人联络会党，发动了第一次广州武装起事。事败，孙中山受政府通缉，遂东渡日本，再转纽约，又乘船赴伦敦。不意，竟在伦敦被清使馆秘密绑架，这就是“伦敦蒙难”。后经中外友好人士营救，清使馆迫于压力释放了他。孙中山继续大力会集仁人志士，同保皇党人作坚决的斗争。1900 年义和团起事时，孙中山发动惠州起事，事败，但却获得广大民众与知识分子的认同。1905 年 8 月 20 日，孙中山在日本联合兴中会、华兴会等革命组织成员，成立了中国同盟会，孙中山任总理，又创立同盟会的机关报——《民报》。在发刊词中，孙中山第一次提出了“民族、民权、民生”的“三民主义”。1911 年 10 月，武昌起义成功。12 月，孙中山被选为中华民国临时大总统。

此后，袁世凯玩弄权术，一面以革命压奄奄待毙的清廷，一面诱使革命党人“议和”，窃取了临时大总统职务。孙中山在袁世凯杀害革命党人的事实面前认识到推荐袁世凯取代自己这一重大失误，遂在上海发表《讨袁通告》，发动“二次革命”。不料失败，遂再度亡命日本，重组中华革命党，后回国发动讨袁护法运动。但南北军阀沆瀣一气，使身为海陆军大元帅的孙中山“令不出府门”，只好辞职前往上海。此时的孙中山陷于极大苦闷之中。列宁派人与孙中山联系，商讨远东局势与援助中国革命等问题，孙中山精神大振。1922 年 8 月 23 日，中国共产党代表李大钊于上海会见孙中山，二人“畅谈不厌”，双方一致同意两党合作。1922 年 9 月 4 日，孙中山召开改组国民党会议。1923 年 11 月发表改组宣言，重新解释“三民主义”，确定“联俄、联共、扶助农工”的三大政策。1924 年 1 月 20 日，中国国民党第一次全国代表大会在广州召开，许多共产党人如李大钊、毛泽东等都参加了会议并被选为国民党的中央委员或候补中央委员。1924 年，孙中山平定广东商团暴乱，同年 11 月 13 日，孙中山与宋庆龄乘军舰北上到京与冯玉祥掌权的北京政府“共商国事”，不料行至天津，孙中山突然病倒，带病入京。1925 年 3 月 12 日，这位为祖国的民主、独立、自由而奋斗一生的伟大革命家停止了呼吸，享年 60 岁。

辛亥革命的伟大意义在于，它终结了从公元前 221 年秦始皇开始的延续了 2000 多年的封建法统，让封建专制帝王的统治在中国大地上从此断绝。以后的袁世凯称帝、张勋复辟，都只是小小的闹剧，任何势力都不能再让封建帝制君临中国。这伟大的一笔写在 20 世纪的前期，孙中山先生成为民主共和道路的开拓者，他的功绩会永远写在祖国的大地上。虽然孙中山先生并没能彻底实现他的意愿，以至于在临终前他沉痛地宣告：“革命尚未成功，同志仍须努力。”然而他和他领导的辛亥革命推翻了封建帝制，是为中国打开民主大门的先驱。如今，每当国庆节时，这位伟大的民主革命先行者的画像都会矗立在北京天安门广场，他深邃的眼睛凝视着每个行人，期望所有华夏后裔实现他振兴祖国的宏愿。

五四运动

辛亥革命建立了中华民国。皇帝虽然没有了，社会状况却没有根本的改变，腐朽的封建文化依旧主宰着生活。中华文明需要突破、调整的任务依旧那样沉重而现实地摆在人们面前。

第一次世界大战（1914－1918）后，欧洲列强控制的巴黎和会对中国命运的摆布成了导火索，引发了1919年5月4日北京学生的大游行，接着是全国学生、工人和商人的响应。一直到6月3日，上海工人罢工，全国各主要城市也陆续大罢工、大罢课、大罢市。这场烈火般的民众运动就是“五四运动”。

“五四运动”是中国近代历史上最早由学生、工人和市民掀起的反帝反封建的革命斗争。它的伟大功绩在于“启导广大人民的觉悟，准备革命力量的团结”，它是中国近代史上具有划时代意义的事件。

“五四运动”提出了“打倒孔家店”和“民主、科学”（德先生、赛先生）的口号，实际上是对中国传统文化中的糟粕进行无情的批判而予以扬弃，并且主张引进中华传统文化中所缺乏的新思想、新观念、新方法，而以“民主、科学”作为概括和旗帜。

这场大扫荡是卓有成效和意义深远的，许多当初被禁锢的各种西方哲学、文学、科学，如洪水般涌进中国，开启了久在封闭状态中的广大中国知识分子的心智，让目光从打破的窗隙中窥见外部世界广阔的天宇，让压抑得沉闷的胸膛畅快地呼吸新文化的空气。

所谓新文化，一是指资本主义各种哲学、科学、文学、艺术、美学、经济学等等，一是指无产阶级的新兴科学——马克思主义和列宁主义。当时，大门既开，各种闻所未闻的思想一齐涌入，统统被视为“新思想、新文化”。只有先进分子才脚踏实地地立足于中国现实，有分析地接受外部先进思想，为中国所用。“五四运动”是中国的新文化启蒙运动，从那时到现在关于如何建设一个现代中国的各种论争和实践一直在进行着。

抗日战争

中国近现代历史上充满着悲壮和惨烈，但是最为惨烈的莫过于 1937 年至 1945 年长达 8 年之久的全面抗日战争。这是中国有史以来，唯一一次全民族奋起抵抗外族入侵的战争，这是极为宝贵的民族团结共御外侮的斗争，这是应当永记青史的全民族以必死的决心保卫祖国家园和文明的战争。在这次战争中，中国人民牺牲了3500多万鲜活宝贵的生命，蒙受了5600多亿美元的财产损失与战争消耗，许多壮丽的山河成为齑粉，无数珍贵的文化遗存毁于炮火或者被抢走遗失。中国人民会永远记得这场民族的惨剧，会永远发扬抗战到底的精神。顺便说一句，抗战胜利前夕，盟军轰炸日本，中国学者专门为盟军提供资料，在地图上标明日本京都、奈良等古都重要的文化遗存，使其免遭误炸，保护了人类文化遗产。这同日寇丧心病狂地摧毁中华文明遗存的态度何等泾渭分明。

1931年9月18日，非法在东北驻军的日本侵略者，向沈阳进攻，这便是“九一八事变”，开启了日本全面侵略中国的序幕。1932年中国军队进行“八一三”淞沪抗战，坚守四行仓库的八百壮士，表现了中国人民的抗敌决心；1933年又进行了长城抗战。1935年“华北事变”，日军控制了华北，建立傀儡政权。1936 年 12 月 12 日，张学良、杨虎城两将军发动“西安事变”，要求当时中国政府最高领导人蒋介石结束内战一致抗日。1937 年 7 月 7 日，日军进攻北京附近的卢沟桥中国驻军。中国军队奋起抵抗，从此爆发了中国军民的全面抗战，国民党与共产党在民族大义面前捐弃前嫌共同抗战。国民党军队在正面战场抗击和消耗日军，先后组织了太原、徐州、武汉、台儿庄、南京、南昌、长沙、中条山等大型会战 22 次，并派遣远征军赴缅甸作战，支援同盟国英军的战斗。共产党领导的八路军也取得了平型关战役、忻口战役、百团战役的胜利。八路军、新四军、琼崖纵队、东北抗日义勇军和广大民兵，又在敌后开展游击战争，牵制阻击和消耗了大量日军。经 14 年艰苦卓绝的奋斗，中国人民终于赢来了抗日战争的胜利。

1945 年 8 月 15 日，日寇宣布无条件投降，9 月 3 日是中国抗日战争的胜利日，这一天将永远镌刻在中国民族史上。

中华人民共和国成立

1949 年 10 月 1 日，北京，天安门广场，经过艰苦奋斗的中国人民宣告建立新的共和国——中华人民共和国。在《义勇军进行曲》雄壮的乐声中，五星红旗升了起来，中国历史掀开了新的一页。

《义勇军进行曲》是中华人民共和国的国歌。由田汉（1898－1968）作词，聂耳（1912－1935）作曲，原是电影《风云儿女》的主题歌。它一经播出，不胫而走，传遍中国大地，也被世界所有反法西斯同盟国所传唱。它极恰切地反映了中国人民团结御侮、不可战胜的精神，而它居安思危的观念也为今天和未来敲响警钟，这是一首永远的进行曲。

三　中国历史的几个特点

在漫长的岁月中，中华民族一步步走来。回顾中国历史，有几个明显的特点，值得牢牢记住。

（1）中华文明是世界上唯一一个未曾断裂，不断转进、发展的延续性文明。它是古老的，又是现代的，而且在未来也有坚韧的生命力。

人类的古老文明是今天文明的先驱，但是巴比伦、埃及、印度的古文明都曾经被战火打断，被异族的侵略所湮灭。它们古老文明的遗存，如金字塔、月亮女神庙等等都在月光下幽怨地倾诉它们灿烂的过去。这些文明的断裂是人类的悲剧，也是难以避免的不幸。中华文明之所以在外来强势文明的撞击下依旧能够薪火相传，发扬光大，原因很多。一是由于它本身的强大和无比的韧性，它本来就是在内外文化的冲击中发展壮大的，并且在冲击中汲取各种文化的精华充实自己，因此积累了同外部文明交往的能力与经验，总能使自己在浩劫面前挺立不倒。

二是它本身具有保护自己免受外来文化销蚀的机制和因素。方块汉字是最坚固的文化长城，保持着自己民族的统一和价值观念取向的同一性。这是任何拼音文字没有的长处。

再有就是从隋代开始至晚清才结束的绵延1300多年的科举取士制度。它打破了血缘世袭关系和政治垄断，将中华民族的主流意识、哲学、道德观，作为必修课代代相传。所有应举的知识分子都成为维护中华文化的人物。1300年来选出700多名状元近11万名进士，数百万举人。一大批安邦治国的人杰，都出自科举制度。状元中有难以尽数的思想家、文学家、艺术家、学者、诗人、教育家、科学家，科举制度成了维护中华文化的体制上的篱笆，其重要作用不可低估。自然它也有僵化和扼杀人才的缺点，但从历史来看，它维护中华文明的功劳是不可抹杀的。

（2）中华文明的历史，是内部不断融合的历史，中华民族各成员都对中华文明作过杰出的贡献。

过去，常常以汉族文化作为中华文明的唯一起源，这显然是不够全面的。黄河文化之外，还有长江文化、北方文化、南方文化（百越文化）和西南地区的文化等等。共同的人文初祖，不只有炎帝与黄帝，还有蚩尤。

历史上，有几个中华民族内部融合调整的重要时期。这种彼此的融合、渗透是一个无尽无休的过程，即令在元、清等少数民族统治中央政权的时候，这种融合也未曾停止。所谓“胡汉相融”正是这种彼此渗透的概括。正是由于中华文明这种开放、兼容的个性，保证了它的不断更新与发展。它对外来文化也采取同样的态度。佛教始于印度，最终中心却移向中国，佛学思想已经成为中华传统文化的三大支柱之一。“厚德载物”的思想原则，兼收并蓄、取人之长而为自身所有的特性，正是中华文明绵延数千年而从未湮没、断裂的缘故。

（3）在中国历史上，多民族统一的国家政权是主流。

“分久必合，合久必分”似乎是中国历史纷杂表象的概括。即令如此，自秦汉以来，合也是主流，分为支流。多民族的统一国家是中国国家政权的基本、稳定的模式。秦始皇统一中国后，中国合时长、分时短，不是大一统的局面不足千年，即使在“分”的时期也未中断过融合的过程。中华民族大多数时间里都生活在统一的国家之中。

（4）中国历史中虽有征战、动乱、野蛮与残暴，但中华文明与世界文明的交流，一般没有采取过战争、压迫、强暴的手段，中华文明的传播是用和平的方式进行的。中国也从未发生过宗教战争，这也是中国历史独有的特色。

（5）中华民族之所以有坚韧的凝聚力，在于有全民族所共识的文化传统。稳定的价值观、道德观是中华民族精神的长城，这是中华民族在长期的实践中逐步积累、完善的。稳定的道德观念、价值观念是中华民族从来不曾被征服、被同化的原因之一。无论何种社会制度，都不能改变中华民族的品德。

总之，站在历史的高峰纵览数千年风云变幻，中华民族悠久的文明和历史是灿烂的。

第四章

人民共和国的成就

新中国的诞生是中国历史上的重大事件，标志着中国人民终于将命运握在自己手中，可以按照自己的意愿，在自己选择的道路上前进；可以建设一个理想的现代社会，为人类作出自己应有的贡献。

新中国数十年来所取得的成就，确乎是空前的。年轻的共和国正不断总结自己的经验教训，在建设“和谐社会”的道路上大步前进。

一 新中国的和平发展

新中国的建立，是中国近、现代史上极为重要的事件。它标志着自 1840 年“鸦片战争”以来，受尽欺凌、屈辱，陷入贫穷落后的古老的中国，终于挣脱了枷锁，掌握了自己的命运，开始在走向光荣复兴的道路上，书写新的历史篇章。

新中国的建立，关系到占世界人口总数五分之一的人民的命运走向，也必将对人类的历史进程产生重大影响。世界上所有的历史学家、哲学家、思想家、政治家和一切智者都在眺望和判断新中国的每一步足迹。

自 1949 年到 2011 年，62 年间，中国也的确焕发了勃勃生机，全世界都听见了她前进的脚步声，赞叹她历经艰苦卓绝而取得的巨大成就。

新中国建立之初，国内经济因连年国内外战争和外部的封锁而濒于崩溃。但站起来的中国人民，抱定振兴中华、为人类做出应有贡献的决心，战胜种种天灾人祸，越过一个个坎坷，克服了无数艰难险阻，用不长的时间，创造了中国建设史上许多个“第一”。

1956～1962 年，建成中国第一座现代化电子管厂；

第一个现代化商港；

第一座现代化电话交换机制造厂；

第一个石油工业基地——玉门油田；

第一艘万吨远洋轮；

第一座自行设计、自行制造设备的大型化工厂；

还有：鹰厦铁路第一期工程完工；世界上海拔最高的公路——青藏公路通车；武汉长江大桥飞架南北；宝成铁路正式通车；刘家峡巨型水利枢纽工程竣工；拉萨纳金水电站建成，电流瞬间输往雪域高原……

这数不清的空前成就是在各种自然与人为的困难境况中取得的，这是新中国的建立极大地激发起人民建设热情的明证。

1960～1963年在罕见的三年饥馑年代，中国人民拼命拿下了大庆油田，探明其储量为26.7亿吨。建成了具有年产几百万吨生产能力的大型炼油厂第一期工程，大庆油田成为世界上特大油田之一。

1959年9月14日中国第一台每秒计算1万次的电子计算机试制成功；

1965年7月19日中国第一台24阶中型电子模拟计算机制造成功；

1973年8月中国第一台每秒计算100万次的集成电路电子计算机试制成功。

另外，1964年10月，中国第一颗原子弹试爆成功；

1967 年 6 月，中国第一颗氢弹在中国西部上空大气层试爆成功。

从 1949 年到 1967 年，中国人民用了 18 年的时间，在艰难竭蹶中依靠自己的力量，把一个一百多年来受尽外国侵略者任意欺凌的贫弱大国，送入“核大国”的殿堂，同时在和平利用核能的事业中也取得令人瞩目的成就。没有新中国，这是决然不可能做到的。

1978 年底，中国进入“改革、开放”的新时期。从那时到 2011 年 5 月，在不到 33 年的时间里，中国以空前的速度和平发展，创造了人间奇迹。

1978～1997 年，中国的经济以年平均递增 14.9％的速度高速发展。1997 年中国的经济总量高居世界第七位；1998 年在波及整个世界的亚洲金融危机的浪涛中，中国经济依旧保持住 7.8％的年增长率；2005 年，中国的 GDP 超越了意大利而居世界第六位；2010 年底，中国的经济总量（GDP）超越了日本，成为世界第二大经济体。

截至 2010 年底，中国的粗钢产量为 62695.9 万吨，居世界第一；

粮、棉等主要农产品产量跃居世界第一；

原煤年产量 32.4 亿吨，居世界第一；

原油年产 2.03 亿吨；

高速铁路投入运营里程 8358 公里，居世界第一。

2006 年 7 月 1 日，一列新式列车，从青海格尔木出发沿着世界第一高原——青藏高原，在永久冻土层上轻盈地驶过，驰向西藏的首府拉萨。这是一条幸福的天路，宛如从天而降的哈达，赐给中国人民吉祥进步与和谐。

2011 年中国高速公路通车里程 7.41 万公里，居世界第二位。这一方面是因为中国国土辽阔，另一方面也说明了中国的飞速发展。

中国的对外贸易总量，1978 年在世界总贸易量中排名第三十二位，2010 年跃升至第三位。

1988 年葛洲坝水电站全面运转，发电量是建国之初全国发电量总和的 4 倍多。而今三峡工程业已完工，水电站把强大的电流输往四方。雄伟的大坝不仅可以调解长江水流量，排洪抗旱，以利灌溉，还可让巨轮顺畅往来。高坝入云，游轮激浪，与两岸连绵的山川城市田畴相映成趣，更增添长江的诗意与美景。

2003年中国自己制造的载人航天飞船“神舟五号”穿云破雾，飞上浩渺太空。第一位航天英雄杨利伟在太空遨游一天后凯旋，自主出仓，令世人惊叹。两年后，2005年10月12日，两名英雄宇航员聂海胜、费俊龙又乘“神舟六号”飞入太空，在茫茫星际间遨游六天后，顺利返回地面。

接着，中国的“嫦娥探月工程”第一步顺利实施。2007年10月24日，“嫦娥一号”探月卫星发射升空，在轨运行495天，比预期一年的工作寿命延长了4个多月，取得了极其珍贵的原始科学探测数据。中国政府总理温家宝向全世界公布了“嫦娥一号”拍摄的全球第一张“全月球影像图”。

2009年3月1日在地面控制下，“嫦娥一号”开始轨道调整，速度减为每秒1627公里，在距离月面59公里的高度打开8个CCD立体相机开始拍照，拍下她英勇撞击月球的影像。“嫦娥”无声无息地、准确地随着地面的指令调整姿态，减慢速度。2009年3月1日16时13分10秒，“嫦娥一号”准确地撞击在丰富海预定的撞击点上，腾起巨大的烟尘，同时准确地传回人类月球探测器这第一次撞击月面的影像图。

2010年10月1日18时59分57秒，“嫦娥二号”在西昌卫星发射中心发射升空，并获得圆满成功。它将完成比她的姊妹卫星“嫦娥一号”更多更精细的任务。中国载人登月计划正在加紧进行，不久就将看到载人飞船呼啸升空，宇航员将在月球上进行各种科学活动。人类对月球的认识将更加深刻而准确。

中国政府的方针在于以人为本，在发展经济的同时，着重解决民生问题，以提高全体人民的生活水平，务使全体人民都能充分享受经济发展的成果，生活在公平、公正和尊严的和谐社会中。2006年元旦，中国政府免去征收了2600多年的农业税，这在一个曾以农立国的大国，是一个伟大的进步。同年，中国政府为近4000万贫困学生免费提供教科书，为800万寄宿生提供生活补助；2007年全部免除全国农村义务教育阶段的学杂费，教育部直属师范大学开始实行师范生免费教育。

在外部紧压人民币升值的困境中，中国政府一面履行对世界的国际责任，一面从本国的实际情况出发，始终保持平稳妥当的货币政策，为保持世界金融秩序的稳定起到了良好的作用，同时打破恶意地逼迫中国陷入金融紊乱、经济危机的企图。

2008 年，四川汶川发生特大地震，中国人民团结一心，共度时艰，表现了极大的爱国热情。2008 年 8 月 8 日 20 时第 29 届世界夏季奥林匹克运动会在北京胜利召开。奥运史上空前壮丽的开幕式演出，是一次世界人民实现美好愿望的狂欢；璀璨的焰火表演，美轮美奂，预示着中国人民和世界人民将一道迈向人类的美好前途，这是任何势力都不能阻挡的。这届奥运会，中国以 51 枚金牌的优异成绩获得了金牌总数第一名。

中国正在以平稳和较高的速度发展，成绩和问题同在。

2011 年 4 月 28 日中国国家统计局发布权威公告：截至 2010 年底，中国总人口 13,3972,4852 人，是世界上人口最多的国家。任何庞大的经济成果除以这庞大的人口数都会让每个人的平均值显得微小。中国仍旧是一个发展中国家，解决 13 亿人口的生存和富裕问题，是任何体制的社会都会面临的难题。更不用说，性别差距、渐次老龄化、义务教育、医疗保证、公共交通、社会保障、社区建设、住房建设、幼儿福利、就业机会……一系列人口众多带来的问题，都将考验政府的执政能力。这是中国政府面临的独特困难。其他现代社会所面临的诸如贫富差距、社会稳定、福利政策、公民素质教育、抵抗自然灾害及灾后重建能力等普遍性问题，也因人口众多而难度更大。然而在一切看来几乎无法避免的困境中，中国竟然保持了持久的热情和成功，于是，探讨中国经验和经济发展道路的研究成为当前世界性的显学，更有理论家提出，中国的发展模式可能是21世纪人类发展的新模式。

中国是一个有着优秀古老文明传统，又经历了血和火的炼狱，在灾难中重生的国家，她深知，“和而不同”的世界是人类的终极理想。在建设一个不同人类文明互补、互融、互相学习、取长补短、共同前进的和谐世界的道路上，中国愿意捧出自己的经验与他人分享，也愿意虚心请教，学习所有民族的优点长处。她把自己取得的成绩看成人类共同的进步，愿意将自己的能力奉献于世界，早日实现大同。

二　中国的科学发展观

1997年7月1日，香港回归中国；1999年12月20日澳门回归中国。这两个近在咫尺又远隔天涯的中华民族儿女聚居地，在度过了漫长的岁月之后，终于和兄弟姐妹团聚。香港、澳门的回归，证明了在祖国统一大业上，中国政府执行了有远见卓识的、实事求是的正确方针——“一国两制”。它标志着在祖国统一的道路上，为建设一个全民族的“和谐社会”，中国政府取得了永镌史册的成就。

中国的和平发展是历史的必然，也是当前现实所决定的唯一正确道路，更是对中华传统优秀文明的继承和发展。中国历史上从来没有以武力去征服侵略外民族，中华文明的传播方式是和平的交流方式。近200年来，中国遭受外强侵略，几乎陷入被分裂被奴役的境地，长期处于贫穷、弱小的状况。掌握了自己命运的中国人民绝对不愿将自己的成就建立在别人的痛苦之上。中国除了向人类贡献自己的才智外，没有也不能有任何别的企图。中国人民审时度势，清醒地看到：战争和冷战局面不利于人类的发展，人类应当摆脱冷战思维，在新世纪里携手前进。

所以，中国政府主动提出与许多国家建立“战略伙伴”关系，共同维护联合国宪章所主张的原则，建立一个共同繁荣的地球家园。

这也是目前形势的需要，中国自己有许多问题要解决。要实现中国人民繁荣富强的理想，完成民族复兴的大业，中国必须废寝忘食日夜苦干，因此极其需要一个和平的环境。所以，中国的发展，只能是和平的，利己又利他的，不能容许对地球家园的任何破坏。

当前，中国正处于一个关键时期。一些国家和地区的发展历程表明，在人均国内生产总值突破 1000 美元之后，经济社会就进入了一个关键时期。在这个阶段，既有因为举措得当从而取得经济快速发展和社会平稳进步的成功经验，也有因为应对失误从而导致经济徘徊不前和社会长期动荡的失败教训。中国当前面临的矛盾是错综复杂的，因此必须坚持科学发展观。科学发展观第一要义是发展，核心是以人为本，旨在建立一个社会主义的和谐社会，即一个民主法治、公平正义、诚信友爱、充满活力、安定有序、人与自然和谐相处的社会。

中国要建立一个理想的和谐社会，就必须秉承前贤的教诲，汲取自身的经验教训，充分调动全民族的积极性，共建共享。安定、祥和，不仅是这个社会的远景，也应当是建设和谐社会所必需的环境，任何破坏安定团结局面的因素都应当受到全民族的反对。中国获得今天的局面来之不易，所以应当百倍珍惜，极力爱护。中国的社会主义市场经济和和平发展的道路，正日益为世界所认同，中国建设“和谐社会”的理念，也逐渐为世界所赞成。一位美国经济学家撰文评论道：“世界越来越认识到，除了西方和前苏联、东欧国家的模式外，还有一种新的模式，这就是中国模式。”

世界是多元的，文化与经济、政治与体制、社会与生活都多姿多态，不可能同一和统一。只有互相尊重，友好往来，互相学习，实现孔子的“和而不同”，才能建立和谐的地球家园。因此，中国对于世界的理想和目标就是和谐世界。人类先贤所梦想的大同世界一定会实现。

中国的前景是美好的，世界的前景也是美好的。

第五章

古老而又现代的文字

人类什么时候有了语言，这是一个难解之谜。但是当人类终于用语言代替动物式的嚎叫表达自己的意愿时，当第一声真正的人类语言打破嘈杂纷乱的寂寞时，那是多么伟大庄严的时刻！语言让人类同动物区别开来，那发出第一声人之语的先祖令我们永久地追思。

文字的诞生又是一次伟大的飞跃。有了文字，人类便可以为宇宙间的一切命名，阐释它的内涵，赋予它意义，把人类流通变化的思想感情固定凝集，传之久远；人类便有了准确的历史记忆，思想、文化也打破了时空的限制。有了文字，人类之间才可以准确地沟通、理解。文字的历史正是一个民族文化史的纪念碑。

中国所使用的方块汉字是世界上独一无二的文字。它产生的历史和在实践中的作用，是个专门的学问，应当好好研究。

人类的文字大体都走过从象形到拼音的道路。只有中国的汉字，停止在拼音化的门口，再也不肯向前。是中国人的先祖愚笨还是过于执拗？传说中第一个造字的仓颉为什么不在拼音化上想些办法？后世的学者又为什么做过许多汉字拼音化的努力而又一次次失败，让方块汉字从古至今一直保留下来？这些都是饶有兴味的问题。

一　方块汉字的发展

中国在1898年重新发现了甲骨文。甲骨文是距今将近4000年的殷商时的文字，是有相当完备体系的汉字。现在发现的甲骨文单字约5000余个，其中可识辨的约2000个，在字形构造方面已具备会意、象形、假借等造字方法；词类已具备名词、代名词、动词、形容词、数词等；其句子形式、结构序位等已与后世相一致。它记录的“往来无灾”、“今日无雨”、“今日大风”等等已经与后日的汉语乃至与现代的书面语言相同了。这就证明，在甲骨文之前汉字必定走过了很长的历史发展路程，而关于黄帝的史官仓颉造字的传说也不再是无稽之谈了。仓颉（如果真有其人）很可能是将各地各人创造的文字加以集中整理的第一人。1983 年在河南省舞阳贾湖出土的距今约 7000 多年的契刻符号，证实了这一设想。中国的汉字可能早在距今 6000 年以前就已在形成中。

汉字是用象形、指事、会意、假借、转注、形声六种方法造成的。这六种方法被称为“六书”。懂得并且记住了“六书”就懂得了汉字的微妙之处。

象形：就是按照实物的形体画出笔画，成为字。如日为“⊙”或“⊖”字，月为“☽”或“ᵽ”字，还有一、二、三、四写作象形“一、二、三、亖”。

指事：是用一个指事符号加在象形字上形成的，这种符号通常是“●”或“一”如“刃”。指事字在汉字中最少。据说，指事字在《说文解字》（中国最古老最权威的文字学专著）里只有 129 字。

会意：是合并几个意义上有关联的字，显示出新组成的字的意义。如：信字是“人”、“言”

的组合。人说话就有信用，这对那些专门说谎话的人，真是一种讽刺。所以中国的方块汉字还含有道德价值的内涵。

假借：汉语语言中有一类有词无字的词。即，语言中这样说，可文字中却没有这个字，于是就用一个现成的、读音相同或相近的字来代替，而这个字与要表达的词的本义并无关联。即“本无其字，依声托事”。如：求字，小篆写作求，是象形字，本义是皮衣。由于声音相同，便假借为“请求”、“要求”、“追求”之“求”，一直使用至今。而它的本义人们逐渐忘记，不得不以另造的“裘”字来表示。

转注：是对原有的文字加上表义的偏旁来形成新字的方法。譬如：蛇字，小篆写为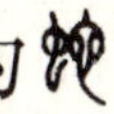，后来渐渐符号化为“它”，没有了象形的功能，表义的功能也随之下降，于是添上“虫”字旁，用以说明“它”的本义。

形声：就是用表示事物类别的字作为形符，和一个同事物名称声音相同或相近的字作为声符，组合成一个字。例如：江、河，就是取“水”（“氵”）作形符，以“工”、“可”作声符组成的。

这类字很多，如：铜、烤、领、箭、煮、闻、园、岛、房等等。

汉字经历了甲骨文、两周金文、战国文字、秦篆的古代汉字时期和流传至今的隶书、楷书、草书、行书的现代汉字时期。金文是刻在青铜器上的文字，大篆、小篆是春秋战国时的文字。那时除秦国之外，齐、楚、燕、韩、赵、魏六国的文字也有差别，统称为战国文字。至秦统一中国，便将秦相李斯整理的小篆列为标准字体，这便是“书同文”。后来出现楷书，成为方块汉字的标准体，流传至今。至于行草二体，则是为了书写便利和作为书法艺术而流行的，是楷书的补充。汉字在造字法、书体、结构、数量、音义上都经历了增繁或趋简的过程。

汉字发展到今天，其记录传达汉语的精确有效和学习使用的方便省力程度都达到历史的最高水平。中华民族一直在追求一种理想完美的文字，汉字便是这种智慧的结晶。

二　汉字的优点和历史功绩

人类最古老的文字都是象形文字，目前知道的共有三种：一是美索不达米亚平原上的苏美尔人创造的楔形文字，约在公元前 3000 多年；一是古埃及的圣书字，约在公元前 3000 年前已经很成熟了；再一个便是方块汉字，约在 4000 年前已经产生。

这三种文字，只有汉字越过了漫长的岁月，其他两种文字都湮没在历史的尘埃中，没有人使用，也很少有人懂得了。为什么在中外文化的撞击中，经历了各种流变，却始终保持了固有的方块字的形态呢？它亘久不绝的强盛生命力在哪里？人类几种主要文字中，汉字是唯一在现代最活跃的古老文字，它的历史功绩是绝对不能抹杀的。

（1）汉字是人类目前唯一超越时代、超越方言的文字。

拼音文字是如今世界语言文字舞台上的主角。

据说现在世界上有5651种不同的语言或方言，被确立为独立语言的有2790种，其中70%还没有相应的文字。目前使用人口超过6000万人的大语种共13个，使用人口在100万以上的语种达177个，因此拼音文字的众多便是自然而然的事情了。以欧洲的语言文字为例，古罗马帝国解体以后，古拉丁语渐次衰亡，欧洲各地的人纷纷用拉丁字母拼读自己的方言，于是逐步形成了意大利语、法语、西班牙语、葡萄牙语、罗马尼亚语等等（它们分属于条顿、罗马、斯拉夫三大语系）。拉丁语不同方言分化成独立的语言，欧洲也变为30多个国家。今天，不懂英文的西班牙人很难在英国生活，而他们的祖先都曾经使用同一的拉丁文。一位不懂古代拉丁文的英国人倘不借助翻译便读不懂《俄狄浦斯》或《荷马史诗》，而这正是用他的祖先使用的文字写成的。不仅如此，用500年前的英文写成的书，现代英国人只有专家能读懂，而一个中国初中生就可以基本读懂500年前用汉字写的小说。《三国演义》《水浒传》《西游记》这些名著能做到妇孺皆知、耳熟能详，便因为大家都读得明白。一个合格的中国高中生，借助工具书，就可以粗略读懂 2000 多年前用汉字写的书，如《史记》等。因为汉字音与形的联系没有拼音文字那样密切，悠久的岁月虽然让古今读音发生变化，但字形字义却相对稳定，所以一个现代人可以凭借汉字与古代的先贤对话。汉字这种超时空的特长，使古今信息皆融集于它，从而成为传播中华文化的重要手段。

尽管中国有不同的民族语言，单是汉语的方言，大的就有七种之多，然而中国人凭借着汉字，便可越过语言的阻碍而交流。一个广东人只要识字便可在哈尔滨通行无阻；一个不懂粤语的北京人，只要粗通汉字也可在香港、广州生活愉快。中国能保持一个多民族的统一国家，汉字有不可估量的功劳。汉字是中华民族修建的文化上的“万里长城”。

（2）汉字是信息量最大的文字。

汉字是义音兼表的语素音节文字。这一特性使得每一个汉字都仿佛是一个集成信息块。汉字具有形、音、义三个要素，每个汉字都是形音义紧密结合的统一体。

占汉字大多数的转注字、形声字的字形结构

中都有义符和声符的偏旁来提示字义和字声，让即使是不识此字的人也能获得字义、字音两方面的信息。所谓“秀才识字念半边”，虽不中亦不远矣，就是这意思。譬如：“湖”，就有“氵”字旁提示此物与水有关，而“胡”则提示此字的读音。即使粗识汉字者也不会把它想为茶壶或胡子（胡子），更不会读成“河”；“燃”字也有“火”旁说明它的字义，而“然”则提示它的读音，于是人们明白了“燃”是“烧”的意思。而在拼音文字里，从字形上是找不到这种信息的。

汉字的信息量大，还因为它是中国历史文化的组成部分。大多数汉字发展变化的历史，几乎都凝集着汉民族对某一事物认识的流变。汉字中几乎将所有木本植物的名字都加了一个“木”字边，草本植物又加一个“艹”字头。这说明了先人对植物分类学的认识和水平。

所以，用汉字作书面语言要比用其他语言简练得多。有人做过调查，联合国每个决议案的五种文本（中、英、法、俄、西班牙），中文本最薄。现在西方文字大行其道的是“首字母缩略词”（如 OK、NBA、WTO 等等），而汉字的简约比西方文字早了2000年。学习汉字就等于掌握大量古今的文史信息。一个汉字就是一颗文史的活化石，人类的文字只有汉字才可能如此。

(3) 汉字有极强的衍生能力和构词能力。

据统计，汉语普通话只有415个音节，区别声调也只有1300多个，大大少于有1万多个音节的英语。但是汉语的语素极为丰富而且基本上是单音节，于是有了大量的同音语素，这就为造字提供了客观需要的基础。为了区别同音语素或表达同音不同义的语素，就得大量造字。于是用六书为不同语素造出不同形体的文字。汉字笔画偏旁多，组合形式多，保证了绝大多数汉字都是一字一个语素。于是汉字从古至今，书面语记录语言的准确性就达到了极高的境界，也使得汉字为数众多。唯其多，才能准确而又妙趣无穷地传达出中国悠久的历史文化。

原来汉字中多单音词，后来渐次演变出复音词。于今，复音词已成现代汉语中的主体。汉字以联合、偏正、动宾（如：优良、波浪；电车、象牙；散步、举重等等）等多种形式组合成复音词，以适应生活的发展。汉语这种极强的造词能力使它具有极强的生命力。

（4）字形区别性强，便于阅读记忆。

汉字的基本笔画只有八种，但笔画的变体与组合可以千计，而上千的独体字义可以彼此组合成以万计的合体字，并绝无重复。这种区别性强的特点就形成了易辨认易阅读的优势。有学者做过调查，在现代高速公路上，人在以时速80公里行驶的车辆中，可以瞬间认清路边标志牌上的汉字，而下面的罗马数字则难以认清。日本学者指出识别一个汉字的时间为千分之一秒以下。

信息量大、阅读快的汉字，在同一时间里所获得的信息显然要超过拼音文字。在现代科学研究中，人有30％～40％的时间用在阅读文献中，因此汉字的优势肯定会受到重视。

方块汉字颇似图形，显然比纯粹的符号容易记忆，何况许多汉字无论偏旁还是整体都给人以丰富的联想。如：孕、岩、跳等等。这种容易记忆的优势是拼音文字无法比拟的。

（5）汉字是“复脑文字”，有利于右脑开发。

根据神经心理学家的研究，人脑处理拼音文字时，主要使用语音编码，而处理汉字信息时，除了语音编码外，还要使用图形编码。语音编码主要使用左脑，先经过语音处理再了解意义；而图形编码是不经语音处理直接了解字义。这种处理方式主要通过人的右脑神经通路。汉字既表意又表音，因此处理汉字信息要左右脑兼用。据说汉字书法与右脑关系更密切。因此，学者称汉字为“复脑文字”，利于人的左右脑平衡。

（6）汉字书法是世界上独一无二的艺术。

在汉字的使用过程中，逐渐发展出一种独特的线条艺术，这便是汉字的书法。汉字的书写、印刷可横、可直、可左起、可右始，序列灵活，方便自由，讲求布局。这些优势是拼音文字所难以达到的。

中国的书法艺术，古代主要是刻写在兽骨、铜器、竹木、丝帛之上，而现代则是书于纸上。现代书法融毛笔、宣纸、水墨于一体，从实践中创造出各种技法，达于不同的艺术境界。自古至今，无数的书法大师成就了难以胜数的书法杰作。甲骨文、金文且不去说，自汉魏以来，有晋代的王羲之，唐代的颜真卿、柳公权、欧阳询、虞世南、褚遂良、张旭、怀素等。隋唐以后，又有宋代的苏轼、黄庭坚、米芾、蔡襄，元代的赵孟頫，明代的董其昌等群星璀璨。

中国书法有四个基本要素，即形势、骨力、气韵、神采。

形势者，观其整体布局、字形结构、运笔态势是否富于个性与美感。“文人字”则于篇幅中表现其书卷气与大家气。

骨力者，指其笔画线条之内在力量感。倘笔画花哨而笔力无骨，细如游丝，则为下品。书法崇尚骨气，这与传统哲学中文人重风骨气节有关，这是评价书法作品的重要标准。

所谓气韵，是指字、行、篇之间的联系、呼应、节奏与韵律感。字断义不断，行有距而气脉一以贯之，有起伏、跌宕，节奏感强，这是不易达到的艺术佳境。

神采之谓是说综合上述三点，整幅作品所宣泄出的风采，让人读了心神飘摇，深入其艺术境界。

书法之美还在于书者整体素养综合能力要强与深，心态端正，有达意之思而无哗众取宠之心，不阿贵不媚俗，对汉字抱有一种崇敬心，技法自然也要高超。这并不是很容易做到的。

中国书法与哲学、道德观相契合，崇尚自然、朴拙、刚健。这种艺术是中国知识分子内心素养与精神境界极好的表现。所以，书之为道，已经脱离了单纯的技法而成为锤炼品德的艺术行为了。

汉字自然也有缺点，如字数毕竟太多，即使只学习《现代汉语常用字表》里常用字 2500 个，次常用字 1000 个，也是不小的数目；汉字字形结构复杂，也给初学者带来困难；字音难读，即使 90％是转注字与形声字，也还有 10％左右的象形、指事、会意、假借字不易读出字音。而准确表音的转注字、形声字现在只有近 1/4，加上一字多音，就更加大了读音的难度。字义也比较复杂，由于汉字历史长，古今表意有所变化，因此，有的字一字多义。

但是上述四个缺点，大多与优点共生。如果没有字形复杂的毛病，也就没有了汉字衍生能力强的优势；没有汉字偏旁表音不全的缺点，也就没有了汉字超古今越方言的优点；何况汉字还在发展变化之中，它的无比优势肯定会在渐渐缩小的缺点之上继续发展，它的前途是无可限量的。

三　汉字的前途

汉字曾有过上下起伏的命运。几千年来，汉字一直被视为圣物而受到民族的尊崇，“敬惜字纸”几乎有宗教式的虔诚。近一百多年来，印欧文字传入中国，于是有汉字与拼音文字之比较研究。近代，中国之所以教育不昌、科学落伍、国力日衰、耻辱不断，其病根之一在于方块汉字之说风起云涌，汉字的难写难认被当成中国落伍的祸根。于是有人断言汉字为落伍文字，迟早会被拼音文字所替代。电脑的出现似乎更证实了这一论断，方块汉字似乎正面临着一场灭顶之灾。

20 世纪还未结束，忽然柳暗花明，电脑汉字信息处理技术的重大突破使汉字由落伍、垂死，一变而为“21 世纪人类最科学的文字”。是耶，非耶?!

与其他文字相比，汉字易阅读值更高，已经

举世公认。近年在北京与美国芝加哥市一、三、五年级小学生中进行的阅读调查中，发现中国儿童学习、阅读中文的水平高于同年龄美国儿童学习、阅读英文的水平。中国儿童学习语文的过程大致是先难后易，而美国儿童学英语大致是先易后难。这种跨文化的调查，反映了汉字易阅读值高的优势。这种文字当然适合信息社会的基本要求。它稳定的系统性、超越历史的特点，又适合长久地保存历史文化。它有极强的衍生能力，可以适应科技的发展。

科学家断言：第一，汉字是单音节语言，比拼音文字更具保真能力，所以汉字语音信号可以迅速进行频谱分析与处理；第二，汉字单体书写，千姿百态，有利于技术上模拟形象鉴别；第三，汉字的结合逻辑与现代科学的逻辑几乎相同，在组字、表达科技思想上具有无限的表现能力；第四，汉语只有 415 个音节，显然比有 1 万多个音节的英语更适合与声控电脑联络。

科学无论怎样进步，出现什么新的语素、事物，汉字都可以表现。比如，居里夫人发现的元素，就被汉字准确地表示为“镭”。汉字的信息量大、超越方言的优势是无可替代的，什么文字也无法像方块汉字那样表达汉语。正因为用拼音表现方言才出现了多种多样的文字，因此用拼音文字代替汉字，企图用统一的拼音取代方言，自然是行不通的。

况且，方块汉字是中华民族的骄傲，是汉字圈的文化特性之一。它对加强中外联系，加强华夏子孙的团结有不可替代的作用。怎么可能让汉字消亡呢？如今，不仅在汉字文化圈，连印欧语系的人民也在科技、经济的发展中看到汉字的优势，正掀起一股“汉语热”。对汉字的“再认识”势必会成为一种潮流。

现在，来读两句描写风景的联语，这是以汉字的组合写成的。读过之后，你就会体会到汉字的奥妙了：

“白水‘泉’边女子‘好’，少女更‘妙’，

山石‘岩’下古木‘枯’，此木为‘柴’。”

第六章

传统的宇宙观、伦理与道德

中国是古老而又年轻的国家，中华文明是古老而又现代的最具连续性的文明。它从诞生至今，从未泯灭。因为它有坚强的根基，文明的根系深深扎进岁月的土壤，滋养了中华民族的森林，广阔而又青翠。假如说中华民族犹如一个巨人，那巨人之魂，便深邃而幽远。中华文明的核心，便是中国传统的宇宙观和道德价值观。

一　传统的宇宙观

“世界”这个词语或概念来自佛学。古代中国更多用“宇宙”来表示无穷无尽的天地时空与万物。

宇宙是什么？人和宇宙的关系应当是什么样子？这是中国古代哲学中最基本的命题。从西周的周公姬旦直到近代的章太炎、孙中山，几乎所有的重要思想家都把研究“天”和人的关系摆在极高的位置。

“盘古开天辟地”、“女娲氏补天”只是神话。宇宙究竟是什么样子，必须给予哲学的回答。古老的答案从来都认为宇宙是某种超自然的力量——神的意志的产物，又受神的主宰。第一个从自然界本身来解释宇宙而不求助超自然主宰的意志的哲学家，在中国是春秋时代的思想家老子。

老子姓李名耳，字伯阳，楚国苦县（今河南鹿邑东）人，生卒年已不可考，约生活在公元前571年至公元前471年，只知道他做过周朝的“守藏室之史”，相当于今日国家图书馆馆长。他必定看了许多通常别人看不到的典籍和文物，有别人不可企及的知识，熟知兴亡衰替的沿革，谙掌故、悉礼制，所以才配称作“老子”。

老子长于孔子，孔子曾经求教于老子。老子赠言给孔子，要他谦虚谨慎，勿骄勿躁，很有点师长的样子。老子的道学后辈同孔子的儒学后生在治国之道上曾发生激烈的论争，但老、孔之间的私人关系还是挺不错的，他们彼此尊重。后来，周王室发生争夺王位的内战，老子避祸隐居，西行秦国。那年他路经函谷关（今河南灵宝市西南），关令尹喜强留软扣非要老子写点留言不可，老子遂写了《老子》一书（后世又称其为《道德经》）。据说，老子写完这本书，带了一点尹喜送的干粮、瘦肉之类的礼品，骑上青牛，怅然地飘然出关而去，从此不知所终。

老子的“道法自然”

老子说，“道”是天地万物的本源，无始无终，“道即自然，自然即道”。“道”这东西，自身就是存在，无恃于其他事物的意愿与主宰。所以道是无限的，无处不在，无处不有，道的运行是自由的、必然的，完全由自身的规律所决定。道生万物，宇宙间的一切都来自“道”。“道”是宇宙的母亲、父亲。

老子认为，宇宙是一个大环，环中充满着运动的气。大至无可计数的星系，小至最小最小的粒子，山河大地，草木禽兽，都是环中气化之物。也就是说，自然界的一切都是自然界本身的产物，无天帝，无神祇，无超自然的力，无“道”外之物。这种天道自然观产生于2500多年前，先贤睿智的光芒穿越时空，不能不使后人肃然起敬。

按照这种看法，人类也是自然界的产物，是自然界的一部分。即“有天地，然后有万物；有万物，然后有男女；有男女，然后有夫妇”。

老子借“道法自然”说出一个平常而又深刻的道理，即宇宙中万事万物，包括社会与人，都有“自然”这种本性。只要“圣人”即理想化的统治者“守道”，那么臣民就会按照“自然”本性化育自己，并按照“自然”本性安于臣服的地位，这便是老子的“道法自然”在现实层面上的解释。

理想的人，组成理想的人群；理想的人群又组成理想的社会；理想的社会同生生不息的自然界组成一个完整的宇宙。这便是中国先贤对美好世界的描述。这种描述难道不是整个人类对美好世界的概括吗？

从老子“道法自然”的学说，可以引出人类要遵从自然的法则，不能总向自然索取的观点。

因此，一切破坏、违背自然规律的言行、准则都是错误的，都将给人类社会带来不可估量的灾难。于是“顺天应人”的思想成为中国传统文化中宇宙观的主流观念和文化建构中的重要思想支柱。

“天人合一”的思想同时也有浓重的敬天保民的意思。中国文化中早就有重人事的思想，把人看成与天相齐，是天的一部分，而不是天的奴仆。中国先民重要的思想家，如老子、孔子、庄子、墨子等等都不承认有至高无上的“上帝”，这种重视人的思想是中国传统文化中的精华。不过，中国文化中所说的“人”更多地是指人的群体，即“民”。中国文化中多“民本主义”而少“人本主义”（并不是没有人本主义，儒家讲“修身、齐家、治国、平天下”就是把个人的修养摆在第一位的）。因此，吸收西方近代文化中的“人本主义”、个性解放、重视个人的人权等思想，也是丰富发展中国文化的重要课题。

庄子的人与自然和谐

既然天人相谐，人就应当顺应天时，不破坏自然界的规律。庄子告诫人们“春三月，山林不登斧斤，以成草木之长；夏三月，川泽不入网罟，以成鱼鳖之长”，不能对自然界进行大肆破坏。庄子甚至幻想一个人与鸟兽虫鱼、草木山川相谐共处，一起嬉戏，共存共荣的美丽无比的社会。他那上下纵横、飞扬恣肆的文笔与想象力激起了多少代后辈的遐思与憧憬。今天，当人们为不择手段的“发展”而遭破坏的生存环境悲哀的时候，当认识到自然界正在无情地惩罚人类的以怨报德而悔恨的时候，当为再也无法使那些因物质文明的进步而成种群成类别地消失的动植物复苏而伤痛不已的时候，人们或许从高天的长风里听到遥远的2000多年前中国先贤们发出的智慧的呼声。他们早就指出了后世的悲剧，他们早就在神采飞扬地向人们宣示：自然界与人类生存在一个共有的大家庭里。

当然，老庄的学说不能与今日的“环保学说”作等量观，但“道法自然”即“道法道”的思想是智慧的学说，这一点是无可否认的。

老庄的学说一方面表现了中华先贤对美好社会的向往和追求，另一方面也显示了中国先人们在人与自然关系的研究上达到了极高的境界。

当然，从理论的层面来看，中国先贤的宇宙观还有不缜密的地方。但从古代哲学史的角度看，中国先贤的思想所达到的高度和对后世在各个领域的影响，是无可估量的。至今，各国的学者还在激情满怀地研究中国文化对世界的认识和天才的概括与猜测。

老子生活的时代正是佛教创始人释迦牟尼生活的时代（约前565-约前486）。释迦牟尼也认为现实世界的一切并不是超自然力量的创造，而主张“缘起性空”。难怪佛教东渐走进中国之后，获得空前的认同，使中国成了佛教的中心。稍后诞生的大哲学家苏格拉底（前469-前399）主张神学，但他的道德观也给后世以深刻影响。

那时候真是哲学家最活跃的时代。

在对宇宙的认识上，中国传统文化中的辩证思维是另一个重要的思想支柱。周朝先贤早就创制了《周易》，认为对立的两极构成统一的宇宙，可以使世间万象发生质的变化。“九层之台，起于累土；千里之行，始于足下”，“祸兮福之所倚，福兮祸之所伏”。老子的这些名言，将在汉语的宝库中，在现实生活中永存。

当然，它只是一种朴素的原始的辩证法，对条件在发展与转化中的重要性认识不足，也缺乏对于转化过程中矛盾斗争的重要性的认识。老子的后学庄子，一面继承了这种辩证思想，“安危相易，祸福相生”，一面又将这种思想推向极端，认为一切事物都是暂时的存在，栽倒在相对主义和宿命论的坑里。他著名的《齐物论》的漂亮文章，就表现了这一点。

不过，关于对立两极组成统一世界的天才的宇宙观和方法论，至今仍是许多科学家研究课题时的指导思想。中国古代的认识体现在当今许多最尖端最先进的科技思想之中，这思想的光芒穿透了几千年的云雾。近代以来，老子在中国虽遭到如孔子一样的命运，也被泼上许多污水，但是时代的风正吹走乌云，廓清迷雾，老子、孔子、孟子、庄子和一切智慧的先辈正以本来的面目重现云端。认真地探讨和发掘老庄的思想智慧和超越精神，正是时代的使命。

二　关于理想社会的学说

诸子百家学说

春秋战国时代诸子百家各有所成，每一派都对理想的社会提出自己的主张。

老子说，理想的社会应当是“小国寡民，使有什伯之器而不用，使民重死而不远徙。虽有舟舆，无所乘之；虽有甲兵，无所陈之。使民复结绳而用之”；“甘其食，美其服，安其居，乐其俗。邻国相望，鸡犬之声相闻，民至老死不相往来”。他主张“无为而治”，说“无为而无不为”，无为正是有所作为。

庄子一面重复老子的思想，另一面比老子走得更远，主张“顺其自然”。

墨子认为理想的社会应当实行“兼爱”与“非攻”。“兼爱”就是主张无差别的爱，很有点

"人人都献出一点爱"的意思；如果不相爱，就要打仗，就有侵略。所以，要"非攻"。不打仗，就必须相爱，"兼相爱，交相利"。博爱主义早在中国2000多年前就有了旗手——墨子。

韩非子主张法、术、势结合造一个理想社会。提出"法不阿贵"，"刑过不避大臣，赏善不遗匹夫"，是"法律面前人人平等"学说的最早提倡者。帝王要会用权术，臣下要遵法度。术与法的后台是"势"，即政权。有了政权，会用权术，要被治者遵法。他的"法治"是治民而非君民一齐治。所以，他理想的社会，百姓都得战战兢兢，畏威而归利，听从君王的统治。

孔子学说

中国传统文化中关于理想社会的学说，主流派是孔子创立的儒家学说。

"礼"与"仁"

孔子（前551－前479）名丘，字仲尼，其先祖原为宋国的贵族，后避祸于鲁国陬邑（今山东曲阜东南）。他 3 岁时丧父，17 岁时丧母，年轻时日子很不好过。虽然他当过司寇（很像公安部长或警察局长）这样的高官，但他也看管过仓廪，管理过牛羊，还当过乐队演奏员，或许是乐队指挥，因而他深谙和谐声音之妙，能把“乐”当做“六艺”之一，又把能吟能唱的“诗”摆在六艺之首。可见这位哲学家、政治家、教育家还是个文艺家。

孔子认为人类最美好、最理想的社会，便是“大同世界”，即由无数个个性以合理的秩序组成统一和谐的社会。在这个社会里，人人都能施展自己的才能，老有所终，少有所养，其乐融融。应当说，这个理想的社会，也是今人所追求的。人类对美好社会的向往也不过如此。2000 多年前一个中国哲学家对人类崇高理想的描述涵盖了今天人们的追求，使我们不能不仰视他。

孔子学说中的核心是“礼”与“仁”。

“礼”是一种政治秩序，是行为规范，是“大同世界”秩序的具体化。孔子研究过夏、商、周三代的礼仪典章而又对其有所损益。所以，孔子说的周礼，已不复是西周的原版礼仪，而是经过他修订的东西。孔子提倡礼，可以看成是提倡随时代变化而不断增减损益的礼仪典章，或必需的社会秩序的表现形式。

“仁”是最高的道德规范，也可以看做是“礼”的灵魂，是人际关系应有的标准，即互相亲爱。“仁”是孔子思想的最高标准，是规定人们世界观、人生观、伦理观、人格、心理结构和思想境界的核心概念。

大同世界

怎样实现“大同世界”的理想社会呢？

孔子认为必须建立一种正常的秩序。“君君，臣臣，父父，子子”，即君臣父子各按其身份遵从自己的道德原则和礼仪，而克制不合于自己身份的欲望、言行，这就是“克己复礼”。而“克己复礼为仁”，“一日克己复礼，天下归仁焉”。只要做到克己复礼，遵从各自的行为规范，那么仁政也就到来。“仁者，爱人”，一个互相亲爱的仁政社会就会因为克制私欲遵从秩序而实现。

“君君，臣臣，父父，子子”，当然是为统治阶级而设想，要臣子遵从君与父的。不过，也可以看做倘君不君，则臣不臣，给铲除暴君推翻苛政的行为留下了反叛的理论武器。所以，后来儒学的继承者孟子就从这里出发，在主张“仁政”与“礼”的同时，提出了“民贵君轻”的“民本主义”思想。“民为贵，社稷次之，君为轻”，不但把君放在人民、江山之后的第三位，而且还主张“暴君可诛”。可见儒学理想的社会，是不包括苛政和暴君的，而是主张和谐有序、仁爱守礼的。

“君子和而不同，小人同而不和”，那些在尊重个性基础上创造和谐整体的人，是正人君子，真正的人；而那些只为了同一而忽略个性、抹煞个性的人是不可与之为伍的小人，不正派的人。这是多么旗帜鲜明的爱憎，多么美好的理想！

孔子关于“大同世界”的理想当时不可能实现。孔子 30 岁开始当教师，相传他有弟子三千，得意门生 72。他曾带学生周游列国推行他的主张，却得不到回应。晚年回归故里，编纂书文，把中国古代文化整理集中，为中华文明做出莫大的贡献。

鲁哀公十六年（公元前 479 年），孔子 73 岁。这一年春天他病倒了。他的学生子贡来看他。孔子拄着拐杖站在门口，望着初升的太阳，轻轻责问子贡为什么这么晚才来。他低低地喟叹着，吟唱道："泰山啊，你是要倒了吗？梁柱啊，你是要摧折了吗？哲人啊，你就要像草木一样枯了、烂了、委顿了吗？"他吟哦着，清泪从眼里流出，从此卧床不起。七天后，他真的如草木一样枯死了，遗体葬在鲁国都城之北，他永远地枕着故国的泥土安息了。

孔子是中国古代第一位最具世界影响的思想家。不论毁誉臧否，他的名字与思想都会长留人间。只要这世上还有人类，就会记起他的名言和他对人类社会的美好理想。

三　传统的伦理和道德价值观

自然界的和谐是遵从一定的秩序运行而达到的。春夏秋冬，顺应天时，农业才可获得理想的收获。违背了合理的秩序，便农事无收，人际紊乱。因此，在理想的国度必应有理想的社会秩序。一定的等级、制度、法律、人际关系、道德准则是理想社会所必需的。基于这种认识，中国文化中产生了独有的伦理观念。

伦　　理

所谓伦理，就是人际关系的准则和价值尺度、道德规范。

中国的先贤认为，家庭是社会的最基本元素，是建筑在血缘关系之上的。因此父子关系是人际关系中最核心的部分（突出地反映出父系社会的特点）。由此扩大，产生了夫妇、君臣、长幼、友朋之间的关系。父子、夫妇、君臣、长幼、友朋，称为五伦。大体上包括了社会上各种各样的人际关系。中国先人对社会关系这“五伦”的概括，产生于2000多年前，不能不说是天才的论述，智慧的总结。直到今天，人类社会的各种关系也大抵未能超越这五伦。

西方文化中少有五伦的观念，人总是以个体的形态同家庭、社群、社会相处。它的长处在于尊重每个个体的自由与权利，不足之处也是明显的，即家庭的凝聚力不足，于是松散的家庭所引发的社会问题就成为社会学家研究的头等课题。

对于五伦关系的规范，随着社会发展变化而有所发展、变化、补充，但几千年来，大体上都遵循着“和”的原则，“仁”的标准。也就是说，五伦关系以和谐、融合为上，彼此相爱相亲。

人们同时具有多重身份，为父者同时是人之子，长者对更长者又是幼者。因此，人们同时要具有多种行为准则和价值观念，不断地适时地转换角色，在不同场合因身份不同而表现不同的言行。在这种多元、多层次、多侧面的、复杂的社会中，把一个繁杂的社会关系，概括为简明的五伦，实在是中国文化对家庭消失以前的人类社会结构最精确的描述和分析。

和谐的五伦，构成和谐的社会。所以，伦理观念是中国先人对理想社会最具体的勾画。

伦理的价值标准也是判断道德的简明尺度。违背伦理标准就是不道德，全社会都可以声讨。中国几千年来之所以有绵延不绝、相对稳定的优秀道德观，伦理观念起着巨大作用。例如，不孝父母，不敬重老人，对朋友无义无助，无论在什么社会制度下都是中国人绝对不能认同的恶行，这与伦理观念的薪火相传有着直接的关系。

伦理的价值标准，也是造就杰出人物的道德熔炉。“先天下之忧而忧，后天下之乐而乐”，“富贵不能淫，贫贱不能移，威武不能屈”的民族英雄，其伟大的人格正是在伦理观念的陶冶下铸成的。那些光灿耀人的英雄也为中华民族的道德和正确的伦理观树立了千秋不灭的榜样。

仁　　义

孔子对民族、社会道德提出了一个核心和最高标准，这就是“仁”，他期望以此来规范民族的价值标准。应当说，他的这一呼唤是颇为深入人心的。

孟子在这个基础上有所发展。他提出以“义”作为民族道德的核心和最高标准。他的这一主张成为他之后 2000 余年来中华民族道德遵循的准绳。

孔子的“仁”可以导出对苛政暴君的批判，孟子的“义”却可以顺理成章地发展到“暴君可诛”。

孟子（约前 372 -前 289）是战国时代伟大的思想家，儒家的主要代表人物，后世尊他为“亚圣”（二等圣人或圣人第二名）。名轲，邹人（今山东邹城东南）。

儒学认为“礼义廉耻，国之四维。四维不张，国家灭亡”。

孟子将“四维”发展为“五德”，即“仁、

义、礼、智、信”，义为核心。“义”，就是正义，就是合理的、正确的准则。这些准则固然可以随时代的变革而增损，但也相对稳定。孟子将“义”视为最高的精神境界，为了“取义”可以“舍生”。“舍生取义”就成为人的最高行为准则。一个人有这样的追求，他便是个高尚的人；一个民族有这样的追求，就是个伟大的民族。“舍生取义”将原则视为比生命还宝贵，这对中华民族追求崇高的个性有重大的影响。

自从“义”为核心之后，中国人便将各项美德都归在“义”的名下，“仁义”、“道义”、“礼义”、“信义”、“忠义”、“廉义”、“德义”等等。“重义”成为中华民族道德气节的标准，与“重利”相对立，中华民族和中华文明从未被异文明所湮灭，与“舍生取义”的精神有莫大关系。

但是，中国的伦理观念也有不足。例如今天有人说，五伦之外还应有第六伦，这就是人与社会的关系。因为中国人私德较好，而公德稍差。所以应有这第六伦理以规范中国人的公民意识。这或许是对现代社会中公德不彰、世风浮嚣的一种痛心的讽刺。

不过，伦理观念在长期的发展中也有过被改造、被曲解的时候，有悖先贤的初衷。五伦初倡，以“仁”为本，是主张互亲互敬互爱的，可是渐渐演变为只对父对君对师长对丈夫的愚孝愚忠、绝对服从。五伦的价值观变为压迫统治臣民和弱小妇女的残酷天条。到两汉时形成“三纲五常”，更将原来互为依存的伦理关系，弄成一方压倒一方的关系，将一个充满温馨的理想的五伦扭曲成冷冰冰的教条的铁牢，而且还借“圣人”之名，招摇着孔孟之道的旗帜偷梁换柱，将“圣”与“亚圣”——孔孟所幻想的温情脉脉的仁的社会换成一个处处戒律的活地狱。因此，将这被改造得一无是处的伦理说成“吃人的礼教”，阻碍社会进步的巨石是完全正确的。“五四”运动的功绩正在于打倒这吃人的礼教。不过“打倒孔家店”却有些冤枉了孔子和孟子，今天应当对孔孟的伦理观念认真研究，损益扬弃，使之为时代与国情所用，使正确科学的伦理观薪火相传。

孔子的儒学不是依靠逻辑的推导得出某种思想的原理，而是用充满温情的劝诫让人感悟人生和社会，人生美好的境界便是“中庸”。在论说时，又常常以山水万象加以比喻。不仅他如此，连严肃的老子，活泼的庄子，激情似火的孟子都如此。中国古典哲学家不是以抽象的理性示人，而是以情动人，更具有诗人的气质，这怕是东西方古典哲学的区别。充满感情的儒学，让中国人接受并且传承永久，是值得外界加以探讨的。

1993年《世界宗教伦理议会宣言》提出，将孔子的“己所不欲，勿施于人”列为人类伦理道德的金律。看来孔子关于“仁”的哲学正在被世界重新发现和再认识。

第七章

古老独特的生活方式

1920年，英国哲学家伯特兰·罗素在中国作巡回讲演，曾深有感慨地谈起他对中国生活方式的看法。他说："中国人已经发现了一种生活方式，并且已经实践了不少世纪。如果它能被全世界所采用，将造福全世界。我们欧洲人未能如此。我们的生活方式要求斗争、开拓、无休止的变革，不知满足以及破坏。被引导来实施破坏的效率只能在毁灭中结束……"

这位哲学家不喜欢孔子的儒学，却欣赏中国人的生活方式。他比较东西方生活方式，认为中国生活方式的主要特点是和平、渐进、勤劳、俭朴。他的认识自然不可能包含中国生活方式的全部，但还是比较合乎中国的传统的。

简言之，中国生活方式的核心，依旧体现"和"与"序"的观念，即和谐、有序。

一　中国人生活方式的核心——家庭

中国人的家庭

家和万事兴

个人、家庭（扩大至家族）、社会的关系是任何社会都要重视的基本问题。从历史的实践来看，西方似乎是个人—社会，缺乏“家庭”的一环，而中国则是家庭（家族）—社会，缺乏至少淡化了“个人”一环。人类社会的历程似乎在提醒我们，这三者少了哪一环都不行。理想的社会生活方式应当是：个人—家庭—社会都和谐、有序。

中国的传统生活方式，在理论层面上是主张个人—家庭—社会和谐有序的，达于这理想的良策是“修身齐家治国平天下”，而在实践的层面上却有许多弊病。

在中国传统文化中，家庭是社会的基本单元。

整个社会被看做是家庭的延伸和扩大，而个人只是家庭的一分子，常常不被看做是“独立的单元”。在中国伦理中，父子的血缘关系又是核心部分。所以，中国的家庭实际上是一个以父子为中心的血缘关系小群体。旧式大家庭有“四世同堂”或“五世同堂”，二世同堂者已经有新式家庭的味道，不过，其奋斗目标依旧是“四世同堂”。所谓“四世同堂”便是父母，子、媳（或女、婿），孙子、孙媳，曾孙子（女）聚集而居。若子、媳因兄弟姐妹众多，则分出旁户，但也在一位父亲的统帅下和合而居。巴金先生的《家》曾揭露了这种旧式封建大家庭的罪恶。但从伦理的层面讲，这种家庭原是为了体现“和”与“序”的。

“家和万事兴”，“齐家”是“治国”的基础，这是中国的传统观念。不过只要家庭安宁、稳定、幸福，社会也就祥和，这似乎是普遍的真理。直到今天，温馨和睦的家庭依旧是绝大多数中国人最基本的人生追求和理想。

长幼有序

在中国的家庭中，处处体现着“序”，体现着传统的道德观。每个家庭成员都担负着几种角色，每个角色都有一定的行为规范、道德准则。为父母者，同时又是先祖的晚辈，是人之夫之妻。因此要给晚辈树立敬老、爱幼、相爱、相亲、相敬的榜样。同时，他们又是社会人，还要表现出敬业、勤劳、谦虚、自爱自立、善于持家、坚守信义等等优良品德，这才能培育出好子女和模范公民。因此，家教历来为中国人所重视，“少调失教”、“缺乏家教”自古至今都是对一个中国人极大的轻蔑的表示。

“序”的目的在于“和”。在家庭里，一切长幼秩序都是为了营造一个既缅怀祖先、慎终追远，又重视现在、爱护幼小，其乐融融、温馨可亲、团结和睦的家庭氛围。所有破坏这氛围的言行都被视为忤逆，这样的成员要受全体家庭成员的责难。中国人强调每个家庭成员在群体中的位置和作用，要求全体家庭成员协调一致。西方家庭成员间的关系类似“契约制”，整个社会人与人，人与社会都建立在“契约”的基础上。中国传统的亲情观念、伦理观念是否应当向契约关系转换，是需要人们慎重思考的问题。在自由商品经济社会中，中国人还能不能保持原有家庭传统的特性，是关系到中华民族特质是否存续的大问题。

实际上，“老有所终，幼有所养”的中国家庭，早被西方人所称羡。20 世纪 80 年代一部描写中国普通农家生活的影片《喜盈门》在西方上映，获得了出乎意料的成功。许多人尤其是老人激动得热泪盈眶，渴望有影片中那位鳏居老人的幸运，同时向那孝敬公爹的儿媳奉上由衷的赞美。如今西方游客都对到中国家庭中生活几天极感兴趣，特别是那阖家吃饭的场面，以及那场面所流露出的温情，都让他们倍感快活。他们极愿意成为这场面中的一员，享受人间的亲情。中国人的浓浓亲情，是中华民族最可贵的情感之一，这种优秀传统，不应当抛弃。

家族——传承的纽带

家庭演化出家族，家族又扩大为社群。中华民族的凝聚力之一便是家族的纽带，“认祖归宗”至今仍是华夏儿女最强大的向心力之一。“宗牒”、“宗谱”学的复炽，海外各地华人“族亲会”、“宗亲会”的兴盛，都表明日臻富强的祖国对华人华裔的召唤力和家族的凝聚力。重视家族是中华民族悠悠数千年的传统，一位杰出的先祖会使千百年的晚辈感到光荣之至，无数仁人志士的后代无论怎样艰难也不愿做玷污祖先英名的丑事。漫漫历史长河，中国虽有不少以祖宗的名义犯下的扼杀先进、保护落后、推行愚昧，甚至卖国投敌的种种罪行，但更多的是继承优秀、缅怀先贤、继往开来、贡献一生。所以，家庭、家族的和睦稳定是社会祥和进步的保障。

中国的传统生活方式有其优良的内核，正如罗素这位哲学家所说：“如果它能被全世界所采用，将造福全世界。”

二　独特的饮食与保健文化

中国家庭吃饭的场面之所以令西方人格外感动，大致在于两点：其一是气氛。这是中国人吃饭时潜意识中最为重要的心态。中国人吃饭要有氛围，主要是和合之气，乐融融进入陶然。其二是食谱、器皿。中国人的食谱，表现了食无禁忌的开放心态。许多吃食，西方人见所未见，闻所未闻，当然更没吃过。所以，好奇和初尝美味的快活组成持续不断的兴奋，这两点的结合形成中国家庭宴请西方人时笑语与美味搭配的风景线。

中国人食谱的宽泛是历史的产物。中国的先人由渔猎到畜牧再到农耕，食谱横跨动、植物两界。从水里、山上、天空、洞穴、原野、树木上获得一切可食之物。“食色，性也”。在维护人类生存和延续种群这至关重要的两大需求上，中国文化重视“食”，西方文化重视“性”，各有所长。

所以，中国的饮食文化经几千年的发展，已臻艺术佳境。

中国人吃饭正是体现“和”与“序”的最佳活动与场所之一。所以，中国人吃饭通常的规矩是以圆形为基本“载体”，圆桌、圆碗、圆碟……取团圆之意，融洽之情。但又长幼、尊卑、宾主有序。入席时，年老者、尊贵者、主要宾客先入席，接着是最让人爱怜的幼小者，他可以受到特殊的照顾，可以与年老者比肩而坐。因为这正好形成一个伦理的循环圈。敬酒、布菜、劝饮、更换器皿，种种手续都以上位者为首。《礼记·礼运》篇中说：“大礼之初，始诸饮食。”认为礼仪最早是从饮食开始的，可见吃饭的规矩与中国的礼仪有极密切的关系。西方人的规矩是女性为先。吃饭时格外照顾女性是每一位男士起码的礼貌。中国菜吃法讲究很多，圆桌强调和合之谊，八仙桌则强调等级尊卑，吃起来就严肃、庄重得多，气氛就稍差。

中国菜已经达到出神入化的境界。单是菜式与器皿的搭配，上菜的顺序，以及饮酒时的酒令、猜谜、划拳、唱曲等等，就有许多规矩，与中国文化、艺术紧密相连，更不要说厨师的刀工等技艺的当场表演。西餐将切割菜肴的程序交给每位食客，于是吃的“艺术”就少了很大一部分；而中菜的切割术留给厨师，发展成一门艺术。切削刻挖，因菜而异，每一道菜端上来都值得审美一番，食客一边欣赏菜的形式美，一边品尝菜的滋味美。

吃饭，还是中国人表现伦理亲情的地方，那种乐陶陶的氛围是格外感人的。许多游子日思夜盼的就是在父母身边吃一顿妈妈亲手做的饭菜，享受一次温情。

中国历来重视烹饪术，甚至把它视作与治国同样重要的事情，“治大国若烹小鲜”。政治家从烹饪术中得到治国方策的启示。中国历史上第一个贤明的宰相伊尹便是厨师出身，他以“调和鼎鼐”之术治国，平衡各种因素，政绩斐然。“民以食为天”，中国传统文化已将哲学、文化、艺术都化进饮食，而饮食又成为一门独立的艺术，为世界展示了独特的文化。

中国的饮食文化历来被文人、艺术家所推进、发展。他们以自己的智慧创造这文化，发展这文化，也留下许多美味佳肴，如苏东坡的“东坡肉”，晚清官员丁宝桢的“宫保肉丁”等等。一些家庭菜式还正式成为自成风格的菜系，如“孔府菜”、“谭家菜”等。一个真正的文化人，倘不谙饮食文化，不会做几道菜，在旧传统社会中会被视为不算完全的文化人。

中国菜还与四时节令有关。过春节要吃鱼，以示“年年有余”；吃饺子，“招财进宝”；“吃年糕”，是“年年高升”。中秋节吃月饼，取“阖家团圆”之意；“迎客饺子送客面”，祝寿也吃“面”，谓之“长寿面”，面条越长越好，北京人谓“挑寿面”，取面条绵延之意。据说，马可·波罗把中国面条带回意大利（这已经史书证实），成为闻名遐迩的意大利通心粉，可是没有了吃中国面条时那些微妙的含义，“味道”就大不相同了。

“天人合一”、“万物皆备于我”给中国食无禁忌开辟了大道。不要嘲笑中国人好吃，敢于吃一切可食之物。摄取各种养分，也是智慧与勇气。饮食文化是最难更易的习惯。所以，饮食文化也是中华民族的凝聚力之一。

中国的生活方式中还有一个极重要的部分即

养生。中国的养生文化正渐次在世界上流行。

中国传统文化中有个重要观念——“药食同源”。所以，在食谱中有许多药物。不仅有草本木本的花草与野菜，如牡丹、百合、枸杞、地黄、当归、莲子、薏米、红枣、牛蒡、芹、藿等等，还有动物的肉、脂肪、骨、血或内脏。著名的龟鳖汤，就是极好的滋补药。如今，药用食补的观念也开始在全球通行，这不能不说是中国文化的贡献。

还有中国的武术，外国人称之为“功夫”。中国许多人都会几下“太极拳”，这是中国人须臾不可离的生活方式之一。中国传统在强身之道上，是“以静制动”、“动静结合”，于是“太极拳”就成为典型。中国武术以强身强心（培养自主与自尊）交友为目的，是“修身”的方法之一，而反对害人、损人，更反对以武力炫耀、叛友背义，出卖民族与国家，这便是“武道”、“拳道”，是所有习武的人应当奉为至高无上的原则的。

文化是种积累，饮食与养生之道也靠数千年的实践与理论的积淀而成为深厚的文化。

三　生活方式的内涵与情趣

生活方式

文化内涵

生活方式的内涵，主要有两种。按英国哲学家罗素的说法，一种是“斗争、开拓、无休止的变革，不知满足以及破坏”；另一种是顺应自然（所谓顺变），渐进、宁静、和谐。

这两种内涵，各有其利弊，都不是唯一正确的。罗素早就在欧洲人的生活方式中发现了其内涵的不足。只是他太过悲观，对其积极一面看得不够。或许因为他在中国发现了他早已渴望的那另一种内涵的生活方式，将中国人和平、渐进的生活说成最理想的生活，而想不到这种内涵很可能让生活变成如一潭死水般的宁静与雷同。年复一年，日复一日，没有变化的日子其实也很难过。

罗素希望中国传统的生活方式在全球推广，其实，更好的办法是两种生活方式内涵互融，各去其弊，积极而又祥和，这才是理想的社会。孔子说的“大同社会”、“和而不同”类乎此。

中国人对日常生活的追求，在文化内涵上接近道家的学说，倾向质朴。比较高雅的境界是居乡野与大自然融合，读书、弈棋、垂钓，行散于山林江渚之间，这是知识分子的追求；普通人则是“良辰美景，花好月圆”，包括了顺应天时、融合自然、协调万物、重视人伦（以“月圆”相比拟）四个基本要素。当然，也有人追逐金钱，锦衣玉食，花天酒地，沉溺声色，但这历来为中国人所不齿。一部分士人，则求显达求功名，将儒家的入世思想演化为利禄之说，于是“儒家”变成庸俗市侩的理论，而道家成为高雅不俗的学说。这只是后人对前贤的改造。不过，由此可以看出，中国人在生活方式的内涵上更崇尚道家。

既要顺应天时，就要重视节气，根据节令的不同，安排与自然界相融合的生活内容。所以中国人的习俗总是充满与自然相和谐的情趣，春日踏青，夏日观荷，秋日登高，冬日赏雪。让青草鲜花习风澄水，红黄的秋叶与高远的天空白云，洁净的雪和朦胧的夕阳，一道混合成多滋多味的调料，天时、人际、万物融为一体，乐趣陶陶，诗意盎然。

传统节日

中国的传统，对节气，对节日，总是格外重视，这是紧张劳动中的休息。消闲的方法又总是以焕发出生命的韵律、欢乐、祥和为宗旨，即使祈福、祭神，也是以天、人交相呼应为内容，神仙是次要的，人的祥和才是主要的。

（1）春节。

春节是中国人最重要的节日。一进入冬至，人们就开始了期待，待到腊月，过春节又称过年的序曲就开始了。腊月初八，要喝腊八粥。腊八粥是以各种杂粮、豆类、干果混煮的粥。以各种粮果煮粥也是丰收的象征。据说，最早的“腊八粥”是为纪念释迦牟尼菩提树下悟道时，为他送来粥品的牧羊女。倘若真的如此，那这又是一个中外文化结合的例证。腊月二十三，谓之“过小年”，要祭灶王爷。灶王爷是民间封的神祇，有的书上说他姓苏名吉利，妻子王氏。北京的民谚说：

"灶王爷本姓张，一碗凉水三炷香。"祭祀灶王爷与灶王奶奶，供品可繁可简，完全看主家的意愿与财力。有的上糖瓜，即麦芽糖，黏度很大，意思是说灶王夫妇吃了这糖就粘住了嘴，无法向玉皇大帝说民间的坏话；凉水与一碟草秸、料豆，是供灶王的马吃的。然后三炷高香，将灶王夫妇从漆黑的灶间请下来，在铁盆中焚化，灶王夫妇就在跳跃的火光中升天向玉皇大帝汇报去了。这庄重的仪式，只能由男性执行。本是一种对"神"的愚弄，却出之以庄严，这本身就是一个幽默。接着是腊月二十四，扫房子，有除旧尘焕发新颜的意思。二十五、二十六要煮肉，准备春节期间不动炊火。二十七，杀鸡、烹鱼。经过几天快乐的期待，终于到了年三十。这天晚上按习俗要一夜不睡，谓之"守岁"，来迎接"年"的到来。接着"诸神退位"，单单把灶王爷请回来。灶王夫妇在天上呆了七天七夜，领受了天帝的旨意重回人间，来保佑一家新的一年祥和平安。在中国人眼里，无灾即福，体现了中国人的宽宏度量。

（2）元宵节。

过春节的庆祝要到正月十五日才完毕。正月

十五又叫元宵节、灯节。那天要吃元宵，取团圆之意；舞龙灯、耍狮子，庆祝又一年农事的开始。那天，各色的灯光，尽显中国平民的才智与期望。

汉武帝时祭太一神，以正月十五祭祀，通宵达旦，有灯火为饰，从此开始了灯节。当佛教传入汉朝以后，又将印度僧众集体观看佛舍利放光的仪式引入中国。东汉明帝下令，在正月十五夜于宫廷佛寺中“燃灯表佛”，这大约是公元67年的事。那一年罗马的将军尼禄正在希腊参观古代的艺术品，同时下令镇压犹太人的起义。隋炀帝崇佛，隋代元宵灯节颇为兴盛。唐代也崇佛，灯节成为传统，代代相沿，宋代出现了走马灯，很像今天电影的祖先。将火药用于放烟火也始于宋代。多彩的烟火装点夜空，让人间天上都充满喜庆的氛围。两千多年过去了，灯越来越亮，而佛事的内涵却渐次衰微，改成彩灯照耀明天的路，祈愿新的一年如彩灯般亮丽了。

（3）介子推与清明节。

每年的4月5日前后，中华民族中有26个兄弟民族要过“清明节”。这是一个极具内涵的重要民俗节日，是八个重要传统节日（上元、清明、立夏、端午、中元、中秋、冬至和除夕）之一，又是农历二十四节气（立春、雨水、惊蛰、春分、清明、谷雨；立夏、小满、芒种、夏至、小暑、大暑；立秋、处暑、露水、秋分、白露、霜降；立冬、小雪、大雪、冬至、小寒、大寒）之一。清明在春分后 15 天，冬至后 106 天（每 15 天一个节气）。

中国传统的清明节大约始于周代，距今已有 2500 多年的历史。2006 年 5 月 20 日，中国国务院批准将清明节列入第一批国家级非物质文化遗产名录，现已成为中国的国家法定假日，每年放假一天。这是民众扫墓、祭祀先祖和逝去的亲人、追慕民族英灵的庄严节日。

清明节又称“寒食节”。关于寒食，有一个传说：

> 春秋时代，晋国公子重耳流亡出走，受尽了屈辱，随从星散，只有介子推等几个忠心耿耿的人，一直追随着他。一次，重耳饿晕了过去。介子推从自己腿上割下一块肉，烤熟送给重耳吃。十九年后，重耳回国做了君主，就是著名的春秋五霸之一晋文公。他

封赏同甘共苦的臣子，唯独忘了介子推。有人为介子推叫屈，晋文公心生惭愧，马上去请介子推上朝受赏。可是几番催请，介子推却坚辞不来。晋文公只好亲自去请，却见介家大门紧闭，介子推已经背着老母躲进了绵山（今山西介休县东南）。晋文公听从别人计策放火烧山，三面点火，留下一方，以为大火起时介子推会自己走出来。孰料大火烧了三天三夜，终究不见他出来。大火熄灭后，上山一看，介子推母子俩抱着一棵烧焦的大柳树已经死了。晋文公哭拜一阵，安葬遗体，发现介子推脊梁堵着柳树树洞，洞里藏着一片衣襟，写着一首血诗，道是：“割肉奉君尽丹心，但愿主公常清明。柳下作鬼终不见，强似伴君作谏臣。倘若主公心有我，忆我之时常自省。臣在九泉心无愧，勤政清明复清明。”晋文公葬介子推母子于那烧焦的柳树下，下令把绵山改为“介山”，在山上建立祠堂，并把放火烧山的这一天定为寒食节，晓谕全国，每年这天禁忌烟火，只吃寒食。他还伐了一段烧焦的柳木做了双木屐，每天望木屐而兴叹："悲哉足下"。"足下"是古人下级对上级或同辈之间的尊称，据说来源于此。次年，晋文公率群臣素服徒步登山祭奠，见那老柳树死而复活，绿枝依依，随风飘舞，仿佛介子推的灵魂在向他娓娓诉说。晋文公含泪掐下一条柳枝，编成柳圈戴在头上，并把复活的老柳树赐名为"清明柳"，又把这天定为清明节。晋文公心仪介子推，勤政清明，励精图治。晋国的百姓也安居乐业，怀念和尊崇不图富贵的介子推。每逢他的忌日，人们便禁止烟火，只吃冷食，以资纪念。还用面粉和着枣泥，捏成燕子的模样，用杨柳条串起来，插在门上，名之为"之推燕"（介子推亦作介之推），来召唤他的灵魂。

寒食那天距冬至105天，恰好在清明节前一天，渐渐地两个节日合二为一，成了全国百姓的隆重节日。它既包含了人们怀念故人、感恩知报、慎终追远、继承先贤的悲怆与庄严情怀，又有天清地明时节开展农事、释放心境的愉悦，正所谓"清明前后，点瓜种豆"，"清明清明，植树踏青"。

今天，当一架架风筝系着人们的思念和向往飞上辽远的蓝天，当少男少女踏歌而行，将快乐和青春播撒在新绿的大地上，那是怎样的欢愉呀！中华民族能将愁苦、报恩、怀念的悲情，与植树、耕种和迎接新春的欢畅巧妙地结合在一起，营造出一种独有的风情。了解中国人的情怀，过一次清明节实在是好的实践。历代歌唱清明节的诗歌不可胜数，也是中华文明宝贵的文化遗产之一。

（4）屈原与端午节。

正月以后，月月有节，有的因节气而定，有的因祈福而定，有的因敬祖而定，有的因祭祖亡灵（鬼神）而定，如清明节。唯独五月端午又增加了纪念伟大诗人屈原的内涵。

屈原（约前340-约前278）是战国时代楚国（今湖北、湖南地区）的三闾大夫，一位伟大的爱国者。他因楚王昏庸，不能接受他的正确主张，反而听信谗言诬妄构陷他，便负石披香草而自沉汨罗江。百姓闻讯纷纷划船打捞他的遗体，又在水中投入装米的竹筒，不让鱼噬咬。屈原的身体随水而去，他的高风亮节却永留人间。年年岁岁在他投水自沉的日子（旧历五月五日），全民族都祭奠他。披香草、划龙舟、包粽子、插艾蒿，成为永恒的习俗。

（5）七夕节。

每年七月七日，中国北方谓之“七夕”，是传说中天上的牛郎和织女相会的日子，是中国民间的情人节。如今，西风东渐，西方的情人节正大行其道于中国，每年的 2 月 14 日前后，玫瑰花和巧克力糖都跃上销售量的高峰，这也是新的风景。

（6）鬼节。

七月十五是鬼节，追忆已逝的家人先辈，邀请他们的灵魂重温家庭的温馨。

平原地区，这一天暮色苍茫时，人们敞开家门，在田野上用一声声悠长的呼唤，招呼亡魂归家。呼唤声此起彼伏，在夜风中飘荡。这情景经历过一次，便永久不会忘记。

在有水的地方，人们还在河流湖泊中放置点燃烛火的“河灯”。当星月初升时，点点灯火随水漂流，将亲人的哀思寄往远方，这也是一种人与“冥间”的感情交流，神秘中透出诗意。

（7）中秋节。

八月十五中秋节，游子要回归故里，举家团

圆，拜月的仪式同祭灶相反，要由女性来执行。抬头望月，低首思亲，品香茗美酒，持蟹赏菊，这一夜会有脉脉的温情萦绕在胸中，与月色清风相伴，让人久久不能忘怀。

（8）重阳节。

九月九日，远足登高，望无边秋色，让人心情一振。于今，重阳节增加了敬老的内涵，也是维系亲情的好办法。

以上这些节日分布于全年，使生活张弛有序，既与大自然相亲和，又体味文化的韵致，使中华民族有不绝的生命节律。

中国人的情趣

节日之外，中国文化还渗进中国人生活的各个方面。琴棋书画，重要的不在乎技艺，而在于从事这些活动时的心境，在于感悟人生。

饮茶源于中国，讲究的是清、雅二字。弹琴，原本是要焚香的，以示诚与静。作画则崇尚自然。棋之道则更深奥些。围棋诞生于中国，是中国古老哲学的体现，19 道线横竖相交，产生了 361 个点，生发出无穷的变化。阳刚阴柔，对立统一，动静结合，进退相补。弈棋之妙不在于争一时之胜，而在于求得变化中的博学敏思、处乱不惊、淡泊名利等高尚典雅的精神。

中国历史上禅学曾大为兴盛，参禅成了相当一部分中国人的爱好。参悟言谈中讲所未讲，所未言明的事物、规律及各种微妙的情绪与境界。禅学似乎最能体现东方文化中的神秘韵味。禅学的精神内涵其实也是崇尚自然，追求平和与宁静。

求祥和并不意味着怕灾变，愿平静也不意味着宁愿受人欺凌。中国人热爱自己几千年流传下来的生活方式。优秀传统文明的传承，一是文本的传承，那些古典的文献记载着全部文明成果，应当代代研习，继承和发扬；二是生活方式的传承，这是深入灵魂和骨髓的，可以保证我们的民族精神永世传扬。实践已经证明，这个爱和平的民族总是能在最关键的时刻捍卫自己的神圣传统。

总之，中国人的生活方式在平淡中蕴含着多姿多彩，在宁静中包含着生机。那追求自然、和谐、质朴、温馨的生活方式，是中华民族代代相传、延续无穷的文化，区别于外民族的特质之一。

第八章

传统的经济文化

1776年，英国著名经济学家亚当·斯密发表了他的《国富论》。在这部被奉为经济学史上的经典著作里，他说："许久以来中国似乎就停滞在静止状态了。中国的经济，几个世纪里没有变化，人口也不增不减。"他认为在马可·波罗时代以前很久，中国的财富就已经达到了社会法律所允许的程度，所以，后来就没有发展。他发表这些观点的时候，中国已经陷入落后的泥潭之中。64年之后，英国用坚船利炮轰开了中国的大门，或许正是这些论点成为列强侵略中国的经济上的借口。近代，由于中国的落伍而急切呼唤改革的声音中，也有一种"理论"，即正是中国长时期的"重农轻商"使得中国商品经济一直处于竭蹶不振的局面，因此建立在这种小农经济基础上的全部中国文化都在腐朽之列，应予扫除。

事实并不完全如此。现代商品经济相对滞后的中国，在历史上却有相当发达的古代商品经济。"重农轻商"，并不意味着商品交换的绝对落后，只是同农业相比，它处在并不被格外重视的地位。中国古代社会农业经济的水平是很高的，所以，商品经济即使被轻视，也有较高的水平。何况，商品经济与商人的被忽视在历史上并不是一以贯之的事，不同的时代有不同的情况，不可“一言以蔽之”。

20世纪后期至今，经济的发展又把对中国传统文化的再认识、再发现提到紧迫的日程上来，重新审视中国商品经济的传统，就成为十分必要的工作。

一　漫长的商品经济传统

商品经济是人类社会发展的客观产物。中国既然有悠久的历史，也就必然有漫长的商品经济传统。中国是商品经济最早的发祥地之一，在很长一个时期里走在世界的前列。

在距今3700多年前的殷商时期，中国的交换业就已较普遍，并且有了交换的“符号”——货币。货币是商品经济的重要标志，说明商品交换已脱离了以物易物的初始阶段而渐次步入成熟。殷墟墓群出土了大量的海贝、龟甲、鲸骨货币，更有三枚铜贝。铜贝是中国目前出土的最早的铸币，也早于同时期的其他国家。而专门从事贸易、以营利为目的的人群的出现，则是商品经济发达的标志之一。

殷商时代专门从事交换业的阶层已经形成，而在西周时代，这个阶层已经被称为“商人”、“商贾”。对一部分以某种方式立足于社会的人群冠以特定的称谓，说明这部分人群已经是社会生活中不可缺少的一分子。因此，“商人”这一称谓的出现，足以证明在春秋时代交换业者已经是社会中的重要成员了。

在殷商时代，交换业就由大漠直抵海边，西周时就更广远而深入，城镇至乡村都有商业的存在。商人有的富可敌国，受到诸侯的重视。史载，春秋末年，郑桓公和商人订立盟誓，商人可参与政治并且与诸侯“分庭抗礼”，地位很高。

战国时期，著名的政治家、编纂《吕氏春秋》

的吕不韦就是大商人出身，后又到秦国辅佐秦王嬴政，成为历史上争议颇多的人物。吴越争霸时的范蠡也是大商人，官居越国的大夫。他与西施的故事至今还在人们心中缠绵。范蠡本人更被许多商家奉为中国的商业之祖、商业之神。他们之所以不挑选吕不韦担当此角色，恐怕与道德评价有关，也与义有关。因为范蠡除了有浪漫故事之外，还是一个忠诚的爱国者，这也体现了中国商业文化中的道德价值观。

秦统一中国也统一了货币，对商业经济的发展有很大的推动作用。在战国时代就已经实现了土地自由买卖，劳动力相对自由，不再终生依附于奴隶主的现象在秦代已经相当普遍。择业的自由也促进了商业经济的发展，统一的局面更加速了商品经济的繁荣。1500 多年以后，即十四五世纪欧洲才出现土地自由贸易。

西汉在秦的基础上进一步统一货币，推动了商品经济的大发展。正是商业的发达，才使太史公司马迁在《史记》中专门辟有《货殖列传》，写了许多著名的商业家、经济学家传记。

西汉时，“官商大贾，周流天下，交易之物无不通，得其所欲”。此时，更有张骞出使西域，渐次开通中国黄河平原通往中亚再至古罗马共和国、地中海东岸，横贯亚欧大陆，长达 7000 多公里的“丝绸之路”。这是世界上公认的最早最长、规模最大的贸易通道。这条“丝绸之路”的利用直到 14 世纪，近 1500 年绵延不断，沟通着中国和西方各国的古代文明。这也是中国古代商品经济发达的纪念碑。欧洲各国王宫里陈列的中国瓷器和帝王后妃们所穿的丝绸锦缎，不是上帝的恩赐，而是无数马匹和骆驼从遥远的中国运来的。

“边城暮雨雁飞低，芦笋初生渐欲齐。无数铃声遥过碛，应驮白练到安西。”唐代诗人张籍《凉州词》中的这几句话，虽不无嘲讽，却也描绘了那长长的驼队在早春时节把丝绸传往西域的情景。铃声越千载，至今仍能振聋发聩。

唐代的商品经济在古代社会达到空前繁荣，创造了当时世界上强大富饶的国家。唐都长安有东西两大商业区：东市、西市各有 220 多个行业，经营国内物产，也是各国商人集中交易的地方。来华贸易的国家至少有 44 个之多，服装、丝绸、珠宝、香料是最大宗的交易。盛唐的商品经济在当时还没有能望其项背者。

宋代出现了世界上最早的有价证券——纸币。宋朝的“交子”、“会子”、“关子”的出现和大量使用，标志着宋代是个商业经济水平很高的国家。在宋人的绘画中还出现了举着商品招牌在街市行走的人，这可以看做是早期的“广告”和“广告人”。《水浒传》中出现的“出门倒”、“透瓶香”、“三碗不过冈”，在今日也是绝妙的酒的广告词。

明朝时中国有世界上最大的船队。以郑和为例，他率宝船 200 余艘，随员 2.7 万多人，七下西洋，虽主要是出于政治目的，但也起到了扩大对外贸易的作用。国内，手工作坊遍布不少地方，商品经济极为活跃，尤其是长江三角洲和苏州、杭州、无锡、扬州已经成为颇具规模的早期商品经济地区和城市。清初，在雄才大略的康熙皇帝统治下，商品经济从战乱中复苏，走上新的发展阶段。总之，从殷商至明末清初，3000 多年来，中国的商品经济虽有盛衰，但始终活跃，不断发展。

1776 年英国的经济学家亚当·斯密发表了他的《国富论》，他在论述中国古代经济长期停滞不前时，提出一个重要的论据，这便是“人口不增不减”。他以人口状况来检验社会经济状态是否合适，但他对遥远的东方大国的真实情况并不了解，所以他的结论与实际并不相符。

明初，中国人口约为6500万，明末便增加至1亿左右。又过了150年，即18世纪中叶，《国富论》问世的时代，中国人口已达3亿，是当时全欧洲人口的两倍多。人口不是“不增不减”，而是有增无减。中国人口在西方入侵的前夜，即19世纪中叶（公元1840年前后），已达4亿以上。而明清两代540年间，中国耕地总面积仅仅增长了1倍多。如果不是经济增长，这有限的耕地显然不能养活那迅速增长的人口。

清朝康熙皇帝曾下诏“盛世滋生人丁永不加赋”，雍正皇帝也主张“摊丁入亩”，生孩子不加人口税，只收土地税，人口遂而大增。这正说明清朝经济对于人口的承受力。当然，人口的迅速增加，也使得按人口比例计算的国力迅速下降，虽然GDP数字依然占世界前列。鸦片战争爆发前，全世界白银的1/3，每年依旧通过外贸流入中国。

著名的人口学家马尔萨斯有个“人口循环”理论。他认为，当生产资源赶不上人口的增长时，社会就会发生大规模的饥荒、瘟疫或内乱，使人口恢复到原有的水平。为了把人口控制在“合理”、“适度”的水平，战争手段也许是必要的。且不论他的“人口循环”论是否真正科学，即以他的论点来衡量中国古代社会与同时期的欧洲，也可以看出历史的真实。从今天的视角来看，许多历史事实令人深长而思。

中国在明代以前的1000多年里，人口大致徘徊在几千万人的水平上，处在中世纪晚期的欧洲（即相当于明代至清初这300多年中）人口发展也大致如此。也就是说，中国明朝以前的1000多年与欧洲一样，都处在马尔萨斯所说的“人口循环”的怪圈中。欧洲一直到17世纪，除英国、荷兰以外，还被这循环圈紧紧地控制，不能自拔。只是在18世纪以后，资产阶级革命建立了新的经济制度，生产力取得巨大发展，欧洲的人口才实现了持续增长。而在这之前200年，中国经济已经率先突破了马尔萨斯“人口循环”的阴影，实现了人口的持续增长，这证明中国经济有了长足的发展。这是中国社会由古代向近代嬗递时的最后一次辉煌，在世界文明史上也是一项了不起的成就。今天，全世界还在称道中国靠世界耕地的7%，养活了世界人口的1/5，是一个经济奇迹。其实，这个荣耀应首先归功于中国的祖先，是他们在世界上头一个创造了奇迹。然而这个奇迹的背后，也有令人反思的问题：众多的人口削减了经济实力。

由此可知，中国经济增长的速度，是在18世纪中叶以后才落后于西方的。

资产阶级革命极大地促进了西方生产力的发展，而中国却正处在相对滞后的状态，这便是西方入侵中国时的经济背景。

二　独特的经济文化

中国最初的金属货币有布币、刀币、圜钱和蚁鼻钱四大形式。布币由农具“镈”和“铲”形状演变而成，说明农耕社会的特点；刀币则是用刀“削”转化而来；圜钱为圆形货币，起源于纺轮，都与生产、生活密切相关。另外，大概刀币取其刀刃之“利”，圜钱取其圆通流动的含义。当时的先辈已经清楚地明白商业的主要目的是获取利润，而货币只有在流通中才能增值，原始的积攒和储蓄是毫无意义的。圆币中央穿洞，是为了好用绳子串起来，便于携带远行。而孔呈方形，则取“天圆地方”之意也。这不仅说明商业早脱离原始的易货贸易，而且商品与商人游走四方，商业已经可以与农业、冶铸业等论高低，支撑国家的天地了。

秦汉时期，商品经济颇为发达，于是有了著

名的自由经济思想家，这便是史学家、文学家、《史记》的作者司马迁。许多人对此大约颇感意外，但研究经济史的专家却往往把司马迁同晚于他1800多年的亚当·斯密相提并论。

司马迁的经济思想主要体现在他的鸿篇巨制《史记》中。概括而言：

（1）他以“经济人”的观点观察社会与历史。

人除了自然人的一面外，更重要的是人的社会属性。社会属性包括阶级性、群体性、职业性、地域性等等。以经济人的观点看社会，就要从经济特别是商品经济的角度和价值观来分析和评判社会与历史。这种观点显然是建立在社会经济比较发达的基础之上的。

司马迁说：“天下熙熙，皆为利来；天下攘攘，皆为利往。”天下人群熙来攘往，都只为了一个字——利。他用一句话概括了商品经济社会全部活动的终极目标——利润。这种观点出现在2000多年前，是何等的犀利与准确。他并没有将帝王公侯或知识分子从天下人群中格外剔出，而是都一齐包括在“熙熙”、“攘攘”之中，给他们一个统一的价值标准，即都为了利益而奔忙。后世的民谚“人为财死，鸟为食亡”，虽广为流传，却没有司马迁的论断深刻。“财”与“利”不是同一的概念，而“利”的含义要比“财”深广得多。所以司马迁思想的光芒历2000年而依旧夺目。

（2）他主张用价格的杠杆调整社会经济与资源的合理配置，乃至人口的流动和职业的分配。

他认为农、工、商、渔等等，都只是职业的分工，只要各尽其能，便足以分担社会的经济职能，而无需朝廷干预，硬性分配人群的职业。

他认为，人们各自从事自己所擅长的职业，竭尽所能，都是为了得到自己想得到的。物品匮乏了，价格便高；物品充盈了，价格就低。物价低了，商品就会流向物价高的地方；物价高了，人们就奔向物价低的地方。人们各自努力地对待自己的事业，高高兴兴地对待自己的工作，社会就像水往低处流一样自然地运转，日夜无休。“人各任其能，竭其力，以得所欲。故物贱之征贵，贵之征贱。各劝其业，乐其事，若水之趋下，日夜无休时。”他在这里描绘出商品价格机制这只无形的手在调节着社会的运行、资源的合理配置。他的这种思想与亚当·斯密的自由商品经济思想——依靠价格的杠杆调整社会经济与资源的合理配置几乎是相同的，却比后者早了1800多年。

（3）他主张自由经济、商品经济，反对国家强行干预社会经济。

他认为，对待商品经济最好的政策就是任由它按照自己的规律发展，“善者因之，其次利道之，其次教诲之，其次整齐之，最下者与之争。”因势利道（导）在其次；硬要教训人家按你的意思办，是不好的；整齐划一，按照你的意思不准办这办那，更不行；最下策就是与民间经济争个高下，以国家力量排挤商品经济。这分明是对汉武帝统治经济政策的严厉批评。

（4）他继承了儒家积极入世的思想。

司马迁主张所有的人都应当“劝业乐事”，提倡敬业精神；他主张经济、商业应当有道德价值标准，利与欲必须在尽其能、竭其力的前提下获得，以使社会秩序自然地运转。

司马迁无疑是将中国传统哲学贯彻于商品经济之中的自由经济学家。他的思想对后世有极大的影响。从明代中叶至清代中叶，农产品开始有了大规模的商品性种植，繁荣的手工业、商业城市遍布全国。于是出现了以儒学思想为价值标准的两大商业集团——徽商与晋商。同时出现了对一些行业的初级形式的垄断，如米、布、茶、染料等等。与此相适应，中国有了一套行之有效的商业契约制度以及习惯法律体系。这说明中国古代商品经济正逐步演化为近代的商业经济，真正近代意义的经济大门，已距中国不远。中国文化中对商品经济的看法也开始发生变化。司马迁所提倡的儒学精神愈来愈明显地成为从商之道。

明代的大儒学家王阳明认为“士农工商”中的“士”可以把其他行业的人看做同道，这就是说，四民之末的商人也可以把士引为同道。这种“异业而道”的思想，从社会伦理学的角度提高了商人的地位。

清代的张謇，原是位大儒，一心求取功名，41 岁才中状元。不料，此后他却辞官回乡创办大生纱厂，历经磨难终于建成当时第一大企业集团。他又办教育，从师范到大、中、小学，还创办戏剧学校、盲哑学校、幼稚园等。

张謇由儒士而变为实业家是儒家入世思想所使然。儒家理想之国不在天国、彼岸，而在此生此世此地，只要努力奋斗，“齐家、治国、平天下”，“大道之行，天下为公”的社会理想就可以实现。所以，张謇把救国的理想与积极奋进的儒家精神融于一体，“实业救国”，从而超越了单纯的利，将求富变成求仁求道，实现了儒家“君子喻于义”的理念与救国救民时代要求的结合。张謇是儒商的榜样，一批又一批企业家起而效仿，包括大批海外华人实业家一面不忘“君子喻于义，小人喻于利”，一面艰苦创业，广开财源却又律己甚严，生活俭朴，将自己所得奉献社会。这正是因为他们将自己求利求官的动机变为儒家之“义”，是为实现“仁”与“道”而躬行实践。由此，在伦理道德观上做到了统一，取得了心理上的平衡。他们坚持这种精神，使自己的商业行为具有更高的价值观，成为富国利民强兵之道。这与为了蝇头小利而卑鄙无耻，一切下流手段都可出之，为了百分之二百的利润敢冒上断头台危险的商业观绝不可同日而语。

“商亦有道”，道在取其利为义，贡献社会国家。这种中国传统的儒商精神实在应为今日中国一切企业家所牢记所继承所发扬。

三　中国经济文化的影响

司马迁的以价格机制作为调节社会活动和资源合理分配的观点；他的放手让商品经济按照自身的规律发展，国家不要强行干预的观点；他的从儒家学说中撷取精华贯彻于经济活动之中的理念，无疑都给了我们今天的市场经济机制以启发。这种启发或许不是直接的，但中国传统文化的理念深深地印在每个中国人心中。正因为中国优秀传统文化铸造了民族的灵魂，中国的改革开放政策，建立社会主义市场经济体制的实践，才获得广大群众的支持。这些改革不仅符合时代的要求，也合于中国优秀传统中经济文化的本质。

当然，自由商品经济也有极大的缺陷，那只“看不见的手”常常制造规律性的经济危机，扩大贫富分化，增加社会动荡的潜因。怎样使“看得见的手”同“看不见的手”相协调，是每一个现代国家的政府必须考虑的大问题。特别是选择了社会主义市场经济体制的现代中国，在高速发展的过程中，更要审慎地对待这个问题。

中国儒商传统中敬业与求仁求道重义的精神，给予今天及世界的影响深刻而悠久。建立在实事求是基础上的有中国特色的社会主义市场经济已经在中国大地上站稳了脚跟。面对1998年铺天盖地而来的亚洲金融风暴，中国在咬紧牙关克服困难的同时，又承诺人民币不贬值，坚持为亚洲和世界金融的稳定作出自己的贡献。这一方面是国际主义时代精神的体现，另一方面也是中华民族优秀传统文化中大义、大仁精神的继承和发扬。

一批日本、新加坡、韩国企业家贯彻儒家的精神取得成功。

儒家文化重理性，特别是重视实质理性，即合理的理性。这为现代企业管理提供了精神原则。比如：日本一些企业强调敬业精神，并且把劳动态度与成绩量化，便于管理；同时，实行企业家庭化，职工终身雇佣制等，强调家庭对社会的重要作用，要求每个职工都像家庭成员一样相亲相敬相睦相信，彼此忠诚。这种价值观念是典型的儒家伦理观，对日本的经济发展起了一定作用。日本经济的腾飞，使得一向以个人自由为价值观念的美国也开始研究甚至引入这种儒家模式。

儒家文化中的精髓竟演变为现代企业精神，这不能不说是一种历史的赐予。

时代在不断发展，儒家文化是否能长期地予人以滋养，还要看它本身是否能在保持基本观念的同时，又根据时代的变迁增减损益。一个不断发展的文化才是真正合理的文化。

第九章

璀璨的文学艺术成就

艺术是人类创造的美。一个历史悠久的、文化高度发达的民族，自然也会有丰富的美的艺术。

按照人们对文艺学对象的广义理解，在艺术中有六种古典艺术，这就是：诗（又分化出散文、小说与戏剧）、舞蹈、音乐、绘画、建筑、雕塑。这六种艺术的诞生，大约永远也无法说清，其诞生的先后次序，怕也很难讲得分明。舞蹈可能产生在诸种艺术之前，接着是音乐，再接下去是绘画、建筑、雕塑。诗的产生怕要最晚，因为只有在文字诞生以后，并且结构为词，有了相对稳定的语法修辞，才会有真正意义上的诗——文学。

中国有悠久的历史，有无数优秀的文学家、艺术家，所以，六种古典艺术在中国古代都有杰出的成就。而且，由于中国传统哲学天人合一、对立互补思想的渗透、指导，因而中国的艺术含有更深更富于想象的美。

中华民族是一个懂得美、会创造美的民族。

艺术简直是中华民族的灵魂。只有懂得并学会欣赏中国的艺术，才能领略其中融会的哲思，独特的宇宙观以及崇尚自然、和平、恬静、活泼的民主精神，才可能真正理解中华民族。

一　多彩的文学艺术

艺术的起源

关于艺术的起源，有许多种说法，有的说是起源于原始人群对生产劳动的模仿；有的说是对战争的演习，是对丰收和胜利的祭祀与祝祷；有的说是祝神祭鬼；有的说是人群集体游戏；还有的说，最早的艺术起源于对性的崇拜。不管怎么说，最原始的艺术体现了人类对美的向往、追求与创造。所有的原始艺术，无不带有人们对世界的崇敬和对自然力量的敬畏，以及对自己内心梦幻的迷惑，融会着一种神秘感。所有的原始艺术大都与某种仪式有关，因而又颇具庄严、神圣的味道。艺术中这种神秘、庄严与圣洁感大约便是艺术永恒的内在魅力。也可以说，艺术首先是奉献，是从艺人员对自己的向往奉献真诚，这就是神圣，而技巧与能力还在其次。

艺术离不开人们飞扬的想象力。当人类有了想象的能力，艺术也就诞生了。北京周口店出土的距今 1.5 万年的山顶洞人遗存，有一处墓葬，三具古尸的遗骨上还残留着赭铁粉，说明他们已经会打扮自己，有了美的观念。他们的头一律朝向太阳落山的地方，说明他们认为那里是死者将要去往的地方。他们已经有了灵魂的观念，这是了不起的想象力。当他们明白了生死，有了灵魂观念，他们就在原始的歌舞中创造出最初的艺术，这艺术必也是动人的。

中国古老的艺术中处处渗透着这般摄人魂魄的魅力，这是因为它凝聚着对朴实、自然最真诚的向往。

艺术的样式

舞蹈

1973 年，青海省大通县上孙家寨新石器时代墓穴中出土了一个舞蹈纹彩陶盆。盆内四周画着三组舞蹈人物，每组五人，手拉手地围绕盆沿形成一个圆圈。这说明中国先民在距今七八千年的新石器时代就已经用舞蹈表情达意，作为社群活动的一部分了。当夕阳西下，篝火初燃时，狩猎一天的先民手拉起手载歌载舞，表达他们对生活的渴望，这是多么纯净而又质朴的情感。这传统如今在中国许多民族中还保留着。如今，旅游业愈来愈多地向游客展示这古老的民风与艺术，让那些在喧嚣的都市中被污染了的心灵得到一次古朴清风的涤荡。许多人在淳朴的舞蹈面前激动得热泪沾衣。切不可轻视了最古老的民间舞蹈，或许，它将与现代舞比肩。

殷商时代，舞蹈已经成为祈祷活动的主要内容之一，或作为仪式而贯穿于祝祷活动的始终。宫廷舞于此时产生并得到发展，开始有了专为君王贵族表演的专业舞蹈者。秦汉时期，宫廷舞蹈发展更为迅速，舞伎歌女组成宫廷必备的歌舞团，虽也担任各种典礼的仪式演出，但其主要任务则是娱乐君王。唐代的宫廷舞蹈达于鼎盛，至今还可以从遗存的壁画、绘画中看到唐宫夜宴歌舞的盛况。玄宗李隆基是个风流倜傥、多才多艺的皇帝，演奏笙笛管箫的本领堪称首席，还是作曲家兼乐队指挥，更是舞蹈的编导者。所以后世梨园界将他奉为祖师爷、班头，虽有谬托皇帝以抬高身价的幽默，却也有事实的依据。经李隆基的大力倡导，唐乐唐舞都达到极高的水平。唐舞许多语汇仍为今日鲜，单是反弹琵琶这个舞姿，就是世上独特的舞蹈语言。所以，今天的“仿唐乐舞”，依旧让海内外的看客陶醉。千年前的舞步叩动今人之心，不能不说是奇迹。唐舞的影响远达朝鲜、日本、波斯诸国，至今仍可在他们的舞蹈中寻觅出唐舞的流韵。

唐以前的南北朝时期，北齐大将兰陵王高肃（字长恭），刚烈神勇，貌若妇人，因貌美而不能在战场上威慑敌人，遂用桃木刻制一个状极凶残的“大面”（读代面，假面具的意思），戴着它冲锋陷阵。后来就有戴着假面的舞蹈，谓之《兰陵王入阵曲》，成为极有名的古典舞。后来唐玄宗为推广唐太宗李世民的《秦王破阵曲》而禁演《兰陵王入阵曲》。此舞流入日本，成为日本的国技之一，今天这古老的舞蹈又返归故国。

中国的舞蹈有文舞、武舞、空手舞、器械舞，其中许多是器舞，所以，刀舞、剑舞、棍棒舞都产生过大师级的人物。譬如剑舞，汉代即有记载（见《汉书·高帝纪》）。唐时的剑器舞就产生过公孙大娘这样善舞剑器的大师。杜甫的《观公孙大娘弟子舞剑器行》说“㸌如羿射九日落，矫如群帝骖龙翔。来如雷霆收震怒，罢如江海凝清光”。公孙大娘的弟子舞得这般精彩，他们的老师公孙大娘就一定更加精彩了。剑器舞有时除执剑外还执旗帜、火炬而舞（见姚合《剑器词》）。宋代大曲《剑舞》已表现简单的情节，如鸿门宴和公孙大娘舞剑器的故事（宋·史浩《鄮峰真隐漫录》）。中国的民间舞蹈也惯于使用手持道具。除一般农具如镰、斧、锄外，生活用具如伞、笠、帽、巾等等都是常用的道具，而且舞得花样百出。比如，没有了耍手绢似乎就没了东北的秧歌，这是很有特色的。

中国舞蹈中袖及其延长物——长巾的使用，也构成独特的舞蹈语言。“长袖善舞”就是对这一流传千百年的表现形式的概括。京剧大师梅兰芳的水袖舞蹈据说有上百种舞姿，可以表达人物各种心态及情绪。各地的民间舞蹈如河北及广东的狮舞（分北、南两派），云南的采茶，安徽的花鼓灯，东北的大秧歌，陕西、山西的威风锣鼓，北京的太平鼓等，都在世界上获得过极高的奖项和称赞。

新疆、西藏、内蒙古，西南诸省区，东北地区，西北地区各少数民族均能歌善舞。他们的民间舞蹈也都极具特色。

今天，舞蹈艺术的发展是极为可喜的。舞蹈正突破原有的题材、思路、语汇的模式，向更深、更新、更美的境界发展。民间舞也得到大发展，现代舞和芭蕾舞也呈现出中国的特色。中国舞者屡屡在世界舞坛上获奖，一批批新的舞蹈家正在成长。中华民族从古至今都是善舞的民族。

音乐

中国古代音乐演奏的实况已经无法听到，但我们可以从出土文物中重新领略古代的音乐，从典籍中知道古代音乐演出的特色。

中国曾发掘出一个距今6000多年的姜寨遗址。在姜寨村落中心广场四周分布着120座房屋，分为明显的5组建筑群。在姜寨遗址发现了3个陶埙，吹奏一下，竟能吹出6个不同频率的乐音。过去曾有人断言，说中国古代的音乐只有5个音符，即：宫、商、角、徵、羽，分别代表1（兜）、2（来）、3（米）、5（梭）、6（拉）。这神奇的陶埙击破了这个武断的结论，证明在6000多年前中国的音乐至少有6个音，即其中有一个是半音阶（变徵：4——发）。

孔子精通的“六艺”，其中就有“乐”，即音乐。春秋时代有位著名的乐师叫师襄子，曾经教孔子奏琴。名师门下虽不一定个个都是高徒，但名师不愿在“二百五”身上徒费精力是显而易见的。过去不少人批孔，连孔子的音乐才能也一并否认，说他充其量当过“吹鼓手”，鄙夷的心态与表情跃然纸上。这不但是一种不好的学风，而且是低俗的世风。孔子至少是位通音律的音乐爱好者，即今人所称之“发烧友”者。他盛赞《韶乐》，认为《韶乐》尽善尽美，便不是无稽之谈。他认为《韶乐》表现了尧舜时代大德禅让的精神，因而陶然于《韶乐》，竟三个月不知肉味。孔子不喜欢陈、郑两国的音乐，说是不雅，大约与陈、郑歌曲中的诗（歌词）有关，或许陈、郑的音乐多轻灵飘逸，有些不庄重，现在已无法查考。但《韶乐》必定是庄严恢弘，可以用来祭天、祝祷、祈福、演礼的。孔子将“乐”作为教育的主要内容之一，使学生在乐中涵德养性，调节性情，以达完美人格。这种将音乐与美育统一在一起的教育思想与方法，对今天的教育体系及实践也有莫大的启迪。

战国时接替荆轲刺杀秦王的高渐离，是位击筑的能手（筑是类似古筝一样的琴，要用小木尺击打）。他被弄瞎了双眼也要冒死刺杀秦王，秦王明知他有刺杀自己的图谋，却偏要听他演奏。在这充满烈义悲情的故事中，既有荆轲刺秦王的喻于义，又有高渐离为友复仇的忠于义，更有秦王刚愎却又不失雅兴冒死听乐的豪情。在这悲、烈、义、豪诸种浓醇的感情之上，萦绕着漂浮着沉稳古雅的筑声，叮叮咚咚，这是多么强烈的艺术氛围，难怪许多艺术家要将它搬上银幕或舞台。可惜，至今还未见上佳的搬演。

战国时代的编钟，在湖北出土，完好如初，请音乐家演奏，竟然可演奏贝多芬的乐曲；连从河南安阳殷墟出土的大石磬都有准确的音律，音色雄浑悦耳。“滥竽充数”的故事表明了春秋战国时“大乐队”演奏的盛况，倘没有百人吹竽的场面，何来充数的滥竽？战国编钟的出土，证明在莫扎特时代才知道的12平均音律，中国早在2000多年前就已经知道且用于乐器了。汉朝，不仅中国本土原有的乐器，如钟、鼓、箫、笛、笙、竽、筝、琴、瑟等等已很普及，连少数民族的箜篌、琵琶、方响、云板、阮琴、铜钹、羯鼓、云锣、胡琴等也传入中原，编进乐队，渐渐成为中国的民间乐器。《古诗为焦仲卿妻作》(《孔雀东南飞》)中形容焦妻少小便学习琵琶与箜篌，似乎习乐已经成了一般女儿家的必修课，如同针黹、绣花一样，而且学的是外民族的乐器。唐玄宗常常动员乐师、舞伶万人以上演出并担任领奏和指挥，那盛况是今天的导演很难想象得出的。宋元以后，民间创造了“浑唱”形式，音乐与说唱、戏剧合流。元有南曲、北曲之分，明代产生了昆曲，清代有了诸多艺术综合起来的京剧。京、昆音乐和许多地方剧种的音乐可说是中国音乐的宝库，令世人赞叹。

各地的民歌，如青海、甘肃的“花儿”，云南的民歌，特别是流传千年的“纳西古乐”，四川的民歌，西北的“信天游”，都极有特色。而新疆、西藏的民歌及苗族特有的二度和弦民歌，都可说是世界上音乐的珍品。

江南道士出身的民间盲艺人华彦钧（瞎子阿炳）创作的二胡曲《二泉映月》，可说是中国近代最优秀的器乐曲，跻身世界著名音乐作品之林而毫不逊色。当今世界音乐指挥大师级人物——日本的小泽征尔，每听《二泉映月》就泪下如雨，每次指挥乐队演奏该曲时他都泪汗交加，谢幕时长躬不起，长久地迷醉于那沉婉的旋律。

中国又是一个极善歌唱又富音乐传统的民族。

绘画

中国的绘画有举世无双的理论、技巧与风格，中国的绘画也有举世无双的成就。

从出土的仰韶、马家窑（青海地区）彩陶来看，中国至迟在新石器时代就有了精美的绘画。那些彩陶中有许多动物纹样：活泼的鱼，奔跑的狗，灵巧的青蛙，爬行的蜥蜴。这些动物的形体渐渐被高度抽象的几何纹所替代，又化为流动的线条，如曲线、直线、波纹、锯齿状等等。这正是从写实到写意，又从写意发展到几何形和纯粹的线条的艺术过程。

古老岩画的发现，“红山文化”的发现，都证明了中国先人早就用活泼的线条来表达自己恣肆的思绪。从长沙马王堆汉墓中发掘出来的2000多年前的彩帛绘画，不论人物刻画，还是构图着色，都达到了很高的水平。汉代的绘画，线条准确简练，富于幻想，给后代绘画以极大的影响。

魏晋时代的绘画大多与佛教有关。唐代的绘画，无论人物还是景物，都发展到更高的境界。唐太宗喜爱的《六骏图》堪称绝品，可惜已经失传。唐宋时的《千里江山图》《清明上河图》都表现了祖国山河之壮美，城镇生活之繁盛，为前代所未有。

元明清三代，文人画盛行，主张精神上的灵逸，在艺术上达到空前的深邃、轻灵、幽远的境界。历代的绘画大师，如顾恺之、阎立本、吴道子、李思训、郭熙、张择端、赵佶、沈周、八大山人（朱耷）、徐渭（徐文长）、郑燮（郑板桥）和近现代的张大千、齐白石、徐悲鸿等，都为中国绘画作出卓越的贡献。他们的名字也如灿烂的星辰闪耀在天空。

中国绘画以墨线为主，力求生动、变化。绘画同诗词、书法、印章有机结合，这在世界画苑中独树一帜。如今有许多西方美术家借鉴这种画风与技法，在自己的画作上题写款识加印钤章。洋文字母，中式写法，颇类“西餐中吃”，别具一格。中国水墨画同日本的“浮世绘”构成东方画派的主流，与西洋油画比肩而立，构成人类绘画艺术的两大种类。

世界上不会画中国画的画家很多，不欣赏中国画的画家却几近于无，盖因中国画表现了太多的哲思和想象力。即使从接受美学的角度看，中国画也可以给读者以介入创作填补“空白”的愉悦感，是理想的完美的艺术。

在北京、台北的故宫博物院里，在各省的博物馆里，都保留着许多珍美的画卷。在一些西方国家的公私馆藏中，也有许多中国的精美画卷和书法作品。

建筑

由于宗教思想的融入，西方古典建筑中多是单体的高楼，表现出地上的人类对天堂诸神之所的仰慕，或者体现出人类与天神同欢共舞的渴望。那一座座辉煌的殿堂和高耸入云的建筑展示了西方建筑的美学与技术成就。因此，许多西方建筑学家看不上缺乏单体高层建筑的中国建筑美学，在厚厚的一本《世界建筑美学史》中对于东方的建筑只提了一下印度。

20世纪初叶一位德国的建筑学家，在暮色苍茫中来到北京。当他步出古老的前门火车站仰望暮霭中的紫禁城时，竟惊讶和激动得流下了眼泪。他从未看到过一座城市的轮廓线同天平线、地平线配合得那般巧妙。在金色余晖中起伏的远山同逶迤的城墙会合在一起，构成一幅颇具神秘意味的庄严恢弘的画卷。当他浏览了故宫的建筑群之后，深深地被中国独特的建筑美学所折服。

任何人都无法用极简短的文字述说中国建筑美学的成就。

中国古老的天人合一、天圆地方的观念融入了中国的建筑美学。因此，中国建筑从来不以高耸入云的单体建筑来取胜，而是以建筑群体与自然环境、与地平线的关系，建筑群体之间的排列、组合、错落以及结构间的节奏、虚实相映等关系来取得大布局的整体效果与意境，或恢弘、或庄严、或神秘、或雄伟、或空灵。在建筑手法上更吸收了许多中国绘画的意念，营造出许多特有的韵味。

还有些寺庙和宗教建筑，如塔，如坛，都在发挥宗教教义和神圣、神秘的氛围上达于极致。比如山西的悬空寺、北京的天坛、应县的木塔等等。

皇家园林当然更是建筑的杰作。圆明园毁于英法联军的罪恶之火。他们将中国奉献给人类的建筑瑰宝化为灰烬。比圆明园逊色得多的原先为圆明园附园之一的颐和园，单是那长廊，那布局，那园中之园的谐趣园，就够让人惊叹的了。倘使从空中俯瞰，你会看到昆明湖与万寿山正好是阴阳相对的太极图。苏州的家庭园林也极具特色。以小见大，以方寸表现无穷，那韵味让你觉得每一座苏州的庭园都是一首诗或一篇意韵无尽的小说。

自然，还有长城，那可不是一道简单地修在山岭上的长墙。战国时就开始垒砌，秦时将秦、赵、燕所修各段连缀在一起，自汉至明，1000多年来修砌不止，它本身就是历史，是中华民族性格与精神的象征。有些人曾认为长城是自我封闭的象征，代表了中国人的保守心态。殊不知，长城兴建之初，正是为了抵御后进的生产方式对中原先进生产方式的袭掠。所以长城从不是抑制先进的保守、封闭的象征。长城在御敌方面最令人瞩目的一次是抗日战争，存亡绝续，生死攸关。长城上发生过壮烈的抗战，如喜峰口、古北口、平型关战役。物质的长城虽然抵不过飞机大炮，但那傲然屹立的雄姿正是民族的象征和灵魂的支柱。

长城还傲然存在，而商周及战国时代的古台，都坍塌在历史的烟尘中不可考。秦时的阿房宫、汉代的宫阙、唐代的含元殿，以至历代的宫殿都是令人咋舌的杰作。可惜，不少已经消失，只留在诗歌与传说中了，连它们是否真正地存在过，也引起一些人的疑问。

如今，全世界都承认，中国的东方建筑美学是世界建筑美学中最令人神往的部分之一。

雕塑

中国的雕塑也闻名世界。

从出土的文物中我们可以知道，商周的许多器皿都是雕塑作品，周鼎的纹饰也是精美的雕塑，秦汉、魏晋、唐、宋等朝代的雕塑成就更加突出。秦始皇陵出土的秦俑兵马阵被称为“世界第八奇观”，据说，每一个秦俑都是以一个真实的士兵做模特，所以秦俑塑像个个不同，都具有自己的个性。那仿佛时时都可以冲锋的待战的军阵，其气势的恢弘，雕塑的精美、生动，都令世人叫绝。巨大的佛像、罗汉、菩萨、神怪的塑像更是数不胜数。

云冈、龙门、麦积山、敦煌等地的石窟，保存了自前秦、北魏起始的许多佛像，让人在看到这些佛像时连带产生审美的震惊。宋代的佛像则由泥塑、石雕改为木雕、铜铸、玉雕和铁像，如正定龙兴寺的铜造观音大立像和大塑佛像都表现出雄伟的气派。那些凿山而刻的佛像如四川乐山的大佛、大足的石刻，以及许多摩崖石刻都使世界各地的艺术家激动不已。

中国古代的雕塑，除了宗教题材作品和为帝王殉葬而创造的作品外，还有一些世俗题材的作品。从各地出土的文物中可以看到各种风格迥异的供养人俑、说唱艺人俑，以及不同身份人物的造型和牛、马、狗、猪、熊、虎、狮等动物塑像。四川三星堆出土的各种人物造型，具有生动奇特的表情，其长袖而舞的形态，也极为动人。其中一尊巨大的头像，眼珠从眼眶内凸出有两尺多长，甚为怪异。他的含义和身份至今学者还在讨论。汉代的英杰少年、二十几岁就不幸病死的大将军霍去病，其墓在今陕西，墓前的石雕，可说是世上少见的杰作。各地摆设的石狮、石兽，说明中国古代的城市中并不缺乏城市雕塑。卢沟桥上的石狮据说很难数清，既说明其多，也说明其雕塑之巧。北京北海公园里九龙壁的雕塑也堪称一绝。

但是，同西方的雕塑相比，中国的雕塑也确有不足之处。让东、西方的雕塑艺术在交流中互相取长补短是现代艺术发展的必由之路。

文学

中国诗歌发源甚早，劳动中的号子，祭祀中的祝词，追寻崇高爱情时的抒怀，可歌可诵，遂而成诗。古代的神话传说可算是最早的史诗，也是中国文学的源头。

中国诗歌作品之丰富，诗人之众多，大约居世界之最。中国诗歌中所含的哲思，体现出的美学观和独特的思维方式，都令学者倾倒。而炼字造句之精美，更为天下称道。“大漠孤烟直，长河落日圆”可作为信手拈来的炼字造句的例证。这两句不但对仗极为工整，且用字极为讲究，一个“圆”，一个“直”，使得词性、词义都呈多元化，表现出幽深、苍凉又不失豪壮的气韵，且画面感极强，以景带情。试想，浩瀚东去的大河犹如一条长长的地毯托起圆圆的落日；而无垠的沙漠上万里无云，一根孤零零的烟尘（有人释为龙卷风）笔直地伸向天空，仿佛是个巨大的惊叹号。这景色会激起人们怎样的情感？一个“圆”，一个“直”，两个普通的汉字却营造出千言万语难以说尽的氛围。

（1）《诗经》。

《诗经》是中国第一部有文字记载的诗集，其中有许多千古传诵的绝唱，可惜我们再也无法听到这些诗歌当初吟唱的声调，想来也是抑扬顿挫，铿锵委婉，令读者击节的。《诗经》据说是孔子编纂的，分“风”（民歌）、“雅”（知识阶层或贵族的诗歌）、“颂”（祭祀的歌曲）三部分。《诗经》开篇就是一首情歌，曰：“关关雎鸠，在河之洲。窈窕淑女，君子好逑。”喜欢否定中国传统文化的人总是拿这首情歌开玩笑，说它不是文学。殊不知这短短四句里，包含了文学诸因素：时间、地点、人物、情节、情绪、氛围，还有锻句与押韵，而且是一幅美妙的情爱图。一个好小伙儿在河中心岛上向美丽的女郎求爱，这时候，一群王雎鸟关关叫着仿佛歌唱一般从他们头上飞过，难道这不是挺朴素挺有意境的生活场景吗？孔子能把这首质朴动人的情诗选为开篇之作，至少说明诗应当来自生活中最真实最质朴的情感。他也肯定真挚的爱情，并不假惺惺。《诗经》305篇，虽也将当时一些民歌和诗删掉，但毕竟为后人留下了宝贵的遗产。

（2）《楚辞》。

《诗经》之后又有《楚辞》，是战国时代屈原及其后学作品的集结。屈原的想象力极为丰富，上穷碧落下黄泉，思绪时而冲上云霄，时而下潜湖底，或是与神祇对话，或是与先人的灵魂探讨问题，俯询大地，仰问长风，许多诗里发出对生死这大问题的探讨。生与死是哲学头等重要的问题，在文学中第一个提出这个问题加以探讨的便是屈原，早于但丁的《神曲》，更早于莎士比亚的《哈姆雷特》。《楚辞》中纵横排宕的文思与诗句，浪漫多姿的想象，天上人间地下，“立体”人生境界的探索、描述，澎湃奔涌的爱国爱民爱故土的情怀，代表了摇曳多姿的楚文化，给后世中国的诗歌以巨大的影响。

（3）两汉乐府。

《楚辞》之后，有两汉乐府，这是民歌体的诗歌，其中许多活泼质朴的诗作流传至今仍旧脍炙人口。《古诗为焦仲卿妻作》（《孔雀东南飞》）也是传诵不绝的爱情悲剧故事，其中不少佳句，如“孔雀东南飞，五里一徘徊”，至今仍极富生命力。

魏晋南北朝的诗歌领一时之风骚。曹操与他的两个儿子曹丕、曹植，都是大诗人，合称“三曹”。曹操的诗句“老骥伏枥，志在千里。烈士暮年，壮心不已”，成为与中国文学同在的佳句。曹植的“煮豆燃豆萁，豆在釜中泣。本是同根生，相煎何太急”据说是在七步行走之中吟就的，它在后世常常被引用，以申委婉的胸怀，不要发生“兄弟阋于墙”的不幸。民歌也十分盛行，艺术成就很高，《木兰辞》几乎家喻户晓；鲜卑族的《敕勒歌》则反映了游牧民族的生活状况，具有刚劲、质朴、爽朗的特色。

（4）唐诗。

到了唐代，近体律诗大为发展，唐诗成了中国文学最多彩的篇章，在文学史上占有极显赫的位置。唐代大诗人李白、杜甫、白居易以及那为数众多的诗人群体，把他们的才智留在纸上传至未来。他们把汉字汉语提高到至美至纯的境地，他们的诗歌将与人类共存。

（5）宋词。

唐诗以后是宋词。宋人把这种长短句的诗体运用到出神入化的地步。苏轼、辛弃疾、陆游、王安石、李清照，还有唐宋之间的南唐后主李煜，他们那或慷慨激越，或委婉凄清的词作越千年而不朽。

（6）元曲。

元代，诗体演变，散曲甚为流行。马致远、白朴等人的散曲，玲珑可爱。马致远的“枯藤老树昏鸦，小桥流水人家，古道西风瘦马。夕阳西下，断肠人在天涯”几乎老幼皆知。

从《诗经》起，中国诗歌就讲求意境和韵律，富于绘画美和音乐美，具有撼人心弦的激情和令人辗转反侧的缠绵，炼字造句又精美绝伦。更妙的是，在电影艺术诞生之前（电影艺术诞生于1895年12月28日），中国的诗歌竟具有电影的思维，以有声的画面相接（蒙太奇），造成一幅情景交融的画面，描绘出某种特定的或朦胧的意境。例如，唐代张继的《枫桥夜泊》：“月落乌啼霜满天，江枫渔火对愁眠。姑苏城外寒山寺，夜半钟声到客船。”简直就是一段声情并茂的电影蒙太奇段落。这样的例子不胜枚举。这不能不说明中国诗歌中借景写情的创作方法何等美妙且极具长远的生命力。中国人这样容易接受电影这一外来艺术形式，和他们久已熟悉并运用自如的艺术思维方式有密切的关系。

近年来，又挖掘整理出中华民族的三大史诗，其中藏族的史诗《格萨尔王》长达110万行，是世界上最长的诗，也是中华民族的骄傲。

（7）散文。

散文可说是无韵的诗。中国的散文，秦汉以前多与历史、哲学结合在一起。先秦诸子的著作和历史典籍都是颇有成就的散文。庄周的哲学作品，每一篇都是精美的散文。那汪洋恣肆的思路，活泼的文笔，俏丽的词语，使他在文学史上占有重要的地位。其他如韩非子文章的严谨，荀子文章的轻巧，都颇见功力。司马迁的《史记》可说是汉代散文的杰出代表。他的文章不仅为后世所称道，而且为以后小说家、散文家所倾慕，他的成就给中国文学留下深刻的影响。汉代还有一位司马相如也是位文章大家，从古就有“汉代文章两司马”的说法。魏晋时代散文中多骈赋，讲究华丽的词藻、对仗工整的句式，虽然有形式主义的缺点，却也有流传不朽的佳作。这种文风影响也颇深远。唐代王勃的《滕王阁序》可说是六朝骈俪文风流韵最好的作品，“落霞与孤鹜齐飞，秋水共长天一色”的名句将永远成为汉语中文情并茂的明珠闪耀光芒。唐代的韩愈、柳宗元开创古文运动，让重雕琢、尚华丽的文风重归自然与质朴。这一运动经宋代欧阳修等人的推动，成为一股文学革命的潮流，对中国散文的发展有巨大的贡献。唐宋八大家以及明清两代散文大家，业绩卓著，都留下不少名著。

（8）小说。

西方的小说、戏剧从史诗中脱胎而来。中国的小说则多从坊间话本演化而出。不少说书艺人为中国小说切近现实、高台教化的传统作出了贡献。唐代的传奇和宋代的话本都已具备了小说的雏形。到明清两代，中国古典小说已完全成熟。著名的短篇小说集“三言二拍”（《喻世明言》《警世通言》《醒世恒言》《初刻拍案惊奇》《二刻拍案惊奇》）和《聊斋志异》等都达到了极高的水平。

尤其是《聊斋志异》，其中许多篇章都是举世公认的短篇小说杰作。作者蒲松龄在小说创作上所达到的高度，绝不逊于俄国的契诃夫、法国的莫泊桑。而在时间上，蒲松龄早于后两位200年左右。长篇小说，如《三国演义》《西游记》《水浒传》《金瓶梅》《红楼梦》《官场现形记》等等，都是有世界影响的巨著。曹雪芹的《红楼梦》则具有极大、极深的内涵，无论思想倾向性还是对社会百态的描摹、文学的创造，都经得住时间的考验和持久不断的研究。如今“红学”已成为风靡世界的一个专门学问。

（9）戏剧。

现在所存的剧本证实，南宋时中国戏剧已走向成熟，到元代获得了巨大的发展。元代关汉卿和明代汤显祖的作品达到了极高的水平，《窦娥冤》《西厢记》《牡丹亭》等作品堪称戏剧史上耀眼的明珠。关汉卿这位伟大的剧作家，在自己的“旦本”戏中塑造了许多极为生动的妇女形象，表达了他同封建势力作不屈斗争的人道主义精神。他在《窦娥冤》中借窦娥之口发出了“地也，你不分好歹何为地！天也，你错勘贤愚枉做天”的怒吼，叱天骂地，矛头直指封建社会制度和统治者。他的精神和艺术成就值得人们永远怀念。

如今，各地的戏曲有 360 多种。从活的戏剧“化石”贵州的傩戏（假面戏剧）、藏戏、福建的莆仙戏，到被称为国宝的京剧，洋洋大观，简直是一座戏剧宝库。应当继承发扬这优秀的戏剧传统，为全人类的文明作出贡献。

二　独特的美学观

只要细心地欣赏中国的传统艺术，就会在胸中涌起许多深奥难解的问题：

为什么在半坡遗址出土的人面鱼纹彩陶盆上，人的眼睛眯成一条缝，而在此之前 1000 多年的姜寨陶盆上的人面，却大睁着一双圆溜溜的眼睛？是因为人一开始兴奋地观看自己的四周，不断地提问，而 1000 年后却闭目沉思要弄懂我们的世界吗？他们在创造美上思考到了什么？

最早的陶器是彩色的，在姜寨遗址竟然发现了 6000 年前的一套完整的绘画工具：带有盖子的石砚，一根研磨棒，还有一个盛水的石杯，甚至还有已裂成四块的红色颜料，那是三氧化二铁的天然矿石。这说明中国的先人早就对颜色——最早是红色——有了从感知到运用的经验。可是后来，先人们制陶的技术更加高超，却舍弃了五彩只留下黑色。黑陶文化优于彩陶文化，这是史实。难道先人们从混沌的黑色中领悟到了比五彩更丰富的色彩吗？中国绘画中黑与白以及黑色中浓与淡、枯涩与湿润的关系极为讲究，变化多端，是否与先人们那“黑”即全色的认识与独到的领悟有关？

为什么陶器上的花纹越来越简单，最后只剩下线条让人们想象？

为什么同大巴山的悬棺之谜一样，先民们把壁画留在人迹罕至的荒僻地区，让那些精美的艺术同荒漠、风沙、峭壁一起度过漫长的岁月？

为什么千古传颂的中国绘画杰作，大多是几根疏竹，几枝虬梅，几许松柏，几叶兰草，几只鸦雀，几羽翎毛？即使奔马，也只有几匹。虽有鸿篇巨制对繁华市井生活的描绘，但它们在艺术上的声名地位却不如上述简约之作。

为什么中国的建筑多生动的飞檐，而又偏在山水之间、莽莽平原上迤逦排列，参差错落？北岳恒山上有一处驾临深渊之上的悬空寺，上下都是峭壁，只凭几根木桩支撑了千年岁月。为什么选这么个令人失魂落魄的地方建造寺庙？

为什么陈子昂一首短诗《登幽州台歌》——“前不见古人，后不见来者。念天地之悠悠，独怆然而涕下”竟被传诵至今，而且还将传诵永久？连刘邦的“大风起兮云飞扬”这么一句诗，也被一赞再赞，几乎妇孺皆知。为什么李白的诗更多是讴歌江山水月，却赢得千古的称颂？

为什么中国的戏曲，布景简单到近乎于无，而脸谱却百态纷呈，让所有的看客都怦然心动？

为什么中国传统的音乐，一笛一箫，一把二胡，一只琵琶，却营造出诸多氛围。而最被称道的曲子，竟是《高山流水》一类“清淡”的乐曲？

类似的问题可以提出许多许多。

中国的艺术蕴集着中国独特的美学观。既然中国传统的哲学认为“天人相谐”，人是自然的一部分，当然就极重视人工的创造同自然的和谐，讲究人的灵性在自然中受到陶冶升华。因而，中国的艺术大致走出一条简约—繁华—简约的道路，由简到繁再到“洗尽铅华”，重归质朴、自然，这是更高层次的质朴。所以，中国的美学观把返璞归真视为美的最高境界。只有在艺术品前调动起所有的想象力，从简朴中领悟到万象，从单纯中体味到多彩，才算有了美的灵性。因此，简略生动的线条，以及由此产生的绘画、书法、雕塑、建筑、舞蹈都是美，而不加雕饰的农民画，手工艺人的泥娃娃，也是美。只要朴实、真切，充满想象，便被中国人所欣赏。这同强调人的力量、威严的艺术，是两种不同的美学观。

正因如此，中国的建筑讲究虚实结合，移步换景，借景生情，极力保持建筑与周围环境的协调。

陈子昂的短歌，正好说出了中国艺术家面对荒野上苍凉的古台所想到的悠远的历史，把横向景物同纵向的时间流程联系到一起，而生出自然与人类社会生生不息的感叹。这感叹触动了中国人特有的历史感，因而令人永久地复述。“江畔何人初见月，江月何年初照人”的感叹，也是中国哲学在文学中的渗透。一个没有悠远历史的民族是难以发出这样的喟叹的。中国古典文学中对寂寥的歌颂，具有极深的意韵。“大象无形”，在寂寥中含有无尽的声响，无尽的繁杂，恰如一切颜色的混合便是黑色一样，声与色的高度融合便是寂寥，时空万象的混合也是寂寥，这便是中国先民从佛学中转悟到的“空即有，空即色”的观念。这种观念常使创造者和审美者陷入幽远的情思而潸然泪下，这是中国古典文学中常有的神韵。

所以，中国人会用彩色、线条搭配成脸谱象征忠奸贤愚，这是所谓“象征主义”；又能用手脚、身体的律动构成流动的线条来表现复杂的情绪、思想，用想象来替代真实的布景，这又是“抽象主义”。这正是深邃的中国哲学所培植的丰富的艺术想象。

这个由简到繁再到简的艺术过程，走过漫长的道路，而成为一个民族的共识。这就是为什么中国的艺术无论什么门类，都具有共同的特色与魅力。返璞归真、崇尚自然、生动、平衡、和谐，是中国艺术的真髓。从这里出发，中国的艺术有几个独到之处。

（1）中国的艺术作品，尤其是文学与戏剧特别讲究道德评价。所谓高台教化，就是指作者对所表现的人与事在道德上的臧否。对人物的道德评价是决定其为“好人坏人”的根本条件。这虽然有时未免使人物不够“立体”化，但匡正世风、“干预生活”的传统却是极为鲜明的。

（2）既直面现实、贴近生活，又充满奇瑰的想象。从古至今流传下来的中国艺术作品，几乎都密切地反映了当时的生活，但又用种种绮丽的想象来表达自己的理想，所以，梦幻、神鬼、异域乃至“乌托邦”，都是中国艺术中表达理想的常见手段。

（3）作者同自己营造的艺术总有适当的距离，在其中又不在其中，即所谓的“间离感”，这是中国艺术中独有的魅力之一。无论是壮美、柔美、凄切哀婉之美、悲痛欲绝之美，作者都一面身在其中，体验这情绪，张扬这氛围；但另一面又身处其外，从容地欣赏自己创造的各种各样的境界，乃至欣赏自己的创造力。倘欣赏中国艺术品时不能掌握这分寸，就很难领会中国艺术家的内心世界。

（4）中国的艺术品极为讲究调动欣赏者的想象力，务使看客听者介入创作。中国艺术品忌“满”，而要留下许多空白让看客填补。所以从“接受美学”的角度对待创作，是中国艺术品久已有之的传统。在历史上，中国文艺家，政治性的社团常见，而流派性的结社不多，就是因为中国文艺家都力求与“受体”和谐，追求创造者欣赏者的和谐统一。

（5）中国的艺术讲究“表现”，不大讲究“再现”。因此，中国的艺术特别强调创造者对生活的体验、认知与感受，强调用自己的方式传达、表现自己的理念。所以，象征、抽象等等就成为自然的事情。

三 中国传统艺术的影响

中国艺术是世界艺术的一部分。世界上并不存在一种固定模式的、现成的“世界文学”、“世界艺术”。所谓世界的，即应是各国各地域各民族的。没有中国艺术的“世界艺术”至少是残缺的。中国的艺术历来向所有的艺术打开大门。但是所有的外来艺术几乎无一例外地经过一个被中国艺术家融会、改造的过程，使它本土化，使它能为中国人所接受。凡是经历了这个过程的，便被中国群众承认，凡是没有经历这一过程的，便难以在中国立足。所谓“民族化”，一是张扬本民族的传统，一是将外来文化消化吸收变为本民族文化的一部分。中国文化的博大精深，正是吸收外来文化，又扬己之长而形成的。

中国艺术在吸收外来艺术的同时，也影响着世界艺术。在近现代艺术中，我们至少知道有几位大师是从中国艺术中获得过巨大启示的。

梅兰芳这位中国京剧艺术大师曾经赴欧洲演出。上世纪 30 年代他的莫斯科之行，震动了有悠久艺术传统的前苏联。梅兰芳表演的京剧，其结构及程式的魅力，大师本人水袖舞蹈那变化多姿的美的线条，震惊了电影大师、蒙太奇语言的创造者之一爱森斯坦。他的蒙太奇句法同中国京剧的结构与程式那样相似或相同；他承认他的电影画面设计思想，很多来自东方的绘画，现在他知道，原来他钟爱的日本绘画源自中国。

梅兰芳的京剧，同样也让德国的戏剧大师布莱希特惊奇。京剧简约的程式，间离效果那样强烈的表现手段，正是他梦寐以求的理想戏剧。他一直在探索怎样让观众既走进剧情，又能清醒地欣赏剧情的美，现在他终于找到了早已在纯熟地应用种种手段达到这一效果的京剧。于是他借助京剧而创造了布莱希特体系，成为现代戏剧一大流派。

西班牙的伟大画家毕加索认为从中国绘画和戏剧中可以看出颜色有怎样丰富的表现力，对于色彩，中国的艺术家绝对可以给世界以启示。

由于强调创作个性，在很长的时期里，西方

一直将创作者视为艺术的“上帝”，受众只能仰承文艺家赐给的甘露。直到20世纪60年代末，德国康斯坦大学哲学教授汉斯·罗伯特·姚斯才创立了接受美学理论，指出受众（读者和观众、听众）不仅是艺术作品价值的最终实现者，而且还是艺术再生产过程的动力，将“上帝”的位置腾给了欣赏者。如今，这是文艺理论中最时髦的理论之一。我们难以断言，汉斯教授是否从中国传统艺术中得到什么启示，但他发现西方艺术中所缺少的“接受美学”，正是中国艺术中习以为常的东西。只是中国的古典文论中还没有把这些观念系统化而成为一门学问，这是要向“接受美学”的创建者汉斯教授认真地学习的。

上世纪末，随着未来学家关于下一世纪是东方文化世纪的预言的出现，一股东方文化热正在勃兴。从音乐到建筑、雕塑、舞蹈、武术，中国文化正在西方大行其道，连西方上流社会女性的时装及礼服也明显地中国化。在一批中国人“趋洋”的同时，西方人正在“趋华”。这很像“两股道上跑的车”，不过，轨道是相接的，东西方文化的相融互补，是迟早都会到来的事。

第十章

优秀的军事文化

中华民族崇尚和平，但在民族统一的过程中，在历史朝代的嬗变中，在抵御外侮中，同样有铁马金戈，战火烽烟。所有国家都有自己保障安全的理论和军事战争的学说。数千年的历史，也蕴含着连绵的战争，使中国的军事文化也格外丰富和独特。中国传统的哲学和政治学说成为中国军事文化的核心，许多精辟的论点令各国军事家折服。春秋时代的大军事家孙子的著作《孙子兵法》，被译成许多种文字，被联合国教科文组织列入中国代表作丛书。

一　独特的传统战争哲学

“不战而胜”

普鲁士人克劳塞维茨写于19世纪上半期的

《战争论》，是世界公认的军事学杰作，是西方战争思想的指导。克劳塞维茨说："战争是一种暴力行为，而暴力的作用是没有限度的。"在这一理论指导下，西方许多军事家倾向于军事力量的无限制使用，重视武器，崇尚"完全"的征服。但在核武器出现后，许多军事家不得不考虑"无限制使用暴力"理论的准确性。因为无限制的暴力可能会导致自我毁灭或同归于尽。于是，20世纪末期战争"逐步升级"理论出现了，力求"不战而胜"。

"不战而胜"是中国古代军事理论的重要思想。提出这一理论思想的孙子（名武）约生于公元前500多年，与孔子同时代。他为齐国人，后又至吴国，与伍子胥一同辅佐吴王阖闾，在吴国兴起的历史过程中起了强有力的作用。他的卒年已不可考，只知道他的墓就在苏州城东门外，他的灵魂依旧行散于他施展才华的土地上。在这里，他写出了至今仍让世界叹服的著作——《孙子兵法》。

还有一部兵法是另一个孙子——孙膑所著。孙膑据说是孙子的后代，比孙武迟生100多年，仕于齐，故又称齐孙子，以与仕于吴的孙子相区别。孙家真是个伟大的兵家之族。《孙子兵法》13篇为吴孙子（武）所著。1972 年 4 月，在山东临沂银雀山一座西汉初期的墓葬中出土了一部《孙膑兵法》，使它在失传 1000 多年之后重见天日，证实了两位孙子有两部《兵法》，都是中国文化之瑰宝。

《孙子兵法》中有一句令世界军事家倾倒的话，“是故以战为胜，非善之善也；不战而屈人之兵，善之善也。”打败人家并不是什么好事，只有不打就让人家的军队服从你，那才是好上加好。孙武主张首先用谋略去战胜敌人，其次是在外交上制服敌人，再次是进攻敌人的军队，最后才是攻城略地。这说明孙子的战争“逐步升级论”要比 20 世纪 90 年代的战争“逐步升级论”早了 2000 多年。

中国的兵法之所以崇尚“不战而胜”，是因为对战争有深刻的认识，对战争的后果有清醒的评估。

老子说：“兵者不祥之器，非君子之器，不得已而用之，恬淡为上。”他所说的“兵”，有学者释为“兵器”，但也可引申为战争。他认为战争不是什么好事情，只有不得已之时才能打仗。应当把战争放在更大的目标之下，审慎地思考，冷静地处理。不争不斗，恬适平淡的日子才是好日子。

孙子认为战争必将严重地损耗国力，而且在复杂的环境中很难保证不会有人乘机而取得战争的好处；战争过后，就算能干的君王有时也难以收拾局面而善其后。

既然如此，战争这东西不能有又不能没有，因此，中国的哲人主张战争必须受“仁”与“道”的控制。这就是中国兵法中独特的哲学思想。

老子说：凡以“道”辅佐君主者，绝不以战争称霸于天下。道可使政事与国事、人事都便于融通转圜，易于解决。须知，打仗可没什么好处，争伐所至，遍地荆蒿，庄稼不生；大军过后，残杀、恶斗与混乱必定接二连三。

孙（武）子说真正会用兵的人，一定会保证生活与和平的秩序、法则，能施行克敌制胜的政策。有道的智者能使君民上下有同一的共识，可以为那共识而生，而死，从不畏惧艰难险阻。

孟子说，仁人君子必无敌于天下，以仁者之

师去攻伐不仁不义者，必能胜利，而不至于弄到血流漂杵的地步。他的“仁人无敌”、“得道多助，失道寡助”的名言，几乎所有的中国人都耳熟能详。

中国传统的政治文化中，历来讲“民本主义”，认为“民为邦本”，“水能载舟，亦能覆舟”。所以，在中国军事文化中，也总是以“仁”、“道”来作为战争的评价手段，其价值标准则是是否有利于民。古代的兵法《司马法》中说：“攻其国，爱其民，攻之可也；以战止战，虽战可以。”倘若攻打他国，而爱护他国的百姓，那么攻打就是有仁有道，可以放手去攻打；用战争制止战争，虽说是打仗，但于理于情都说得通，可以去打。又说：“战道，不违时，不民病，所以爱吾民也。”战争之道，在于虽然不得不为，但应不误农时，不加重百姓之痛苦，这也就算爱护自己的民众了。

“义”的原则

春秋战国时代，诸侯争霸，“春秋无义战”。这血腥的事实使得先贤特别强调战争的性质。可以说，中国传统的军事思想中强调“义”的原则，正是对历史教训参悟的结晶。

所以，中国军事家总是重视战争的性质是否“正义”，战争的名义是否“爱民”。因此，“吊民伐罪”、“救民于水火”、“解民于倒悬”、“只诛罪魁祸首，不罪平民百姓”等等，就成了战争中常用的口号。正义之战可为之，而非正义之战不可为。正义之师，师出有名，为历代军事家所重。认为这是取胜的根本，是士气高昂的基础。

中国的军事哲学，判定战争的道德标准，首先以“义”为准。西方的战争哲学则多以“利”作为取舍的标准，这是二者最大的不同。自然，这二者也无孰优孰劣的区别，只是不同价值观念的反映罢了。中国的军事文化以“仁”、“道”作为控制手段，不使战争发展到无度的状态，不迷信武力，更不无限制地使用暴力，而致力于“不战而胜”。这种古老的战争哲学今天又焕发了青春，激发起军事家的灵感。

二 军事文化中的谋略思想

大战略思想

克劳塞维茨说："战争无非是政治通过另一手段的继续。"这个观点被普遍接受，成了世界各国政治家、军事家指导战争的基本出发点。当用和平手段无法解决政治问题或政治斗争激烈到无法调和时便诉诸战争，而战争的目的则是使政治问题按照一方的意愿获得解决，这是克劳塞维茨的战略观。

《孙子兵法》开宗明义第一句就说："兵者，国之大事，死生之地，存亡之道，不可不察也。"将战争看做国家、民族整体的一部分，是民族绝续的大事，这是中国传统军事文化中的大战略思想，要比克劳塞维茨的战略观审慎、深刻、全面得多。不管政治斗争何等尖锐、激烈，在诉诸战争前都要考虑国家、民族生死存亡、兴衰绝续之利弊，而不得轻易动武。这不仅表现出中华民族爱好和平的本性，而且表现了对战争这个人类怪物的更深刻的认识。所以，英国的军事理论家利维尔哈特在对比了克劳塞维茨和孙子的战略观点后说：“在过去所有军事家中，唯有克劳塞维茨可以与孙子相提并论。然而，克劳塞维茨著书立说时间比孙子晚了整整2000多年，但他在观点上却比孙子落后，而且有些观点已经过时。相比之下，孙子看问题更加敏锐，更加深刻，他的学说具有不朽的生命力。”

中国独特的军事文化中，重视整体大战略的思想在孙武之前就早已有之。春秋时代托名为姜尚（姜太公）所著的兵书《六韬》就是从政治、教化、谋略、外交、军事等诸多方面论述一个国家的大战略的。《孙子兵法》中说：“故经之以五事，校之以计，而索其情。一曰道，二曰天，三曰地，四曰将，五曰法。”是从政治、天时、地利、将帅、法制上考虑，制定战略的整体大战略思想。《孙子兵法》传世13篇，计：始计、作战、谋攻、军形、兵势、虚实、军争、九变、行军、地形、九地、火攻、用间，实际上是将政治、外交、心理等诸因素用于战争，很有现代“总体战”的大模样。

在这种思想的熏陶下，中国产生了一代又一代的大战略家。春秋战国时孙武之外还有孙膑；汉高祖刘邦曾赞许军事家张良“运筹帷幄之中，决胜千里之外”；韩信、曹操也是著名的兵家；三国时的诸葛亮更被形容为智者的化身，他总是从政治、经济、地理、文化乃至天时、地利、人和等诸方面出发，制定战争的大战略，预测未来的政治、军事发展概貌。这一传统使中国2000多年来有文化、有谋略，懂政治、懂军事的战略家层出不穷。他们被称为“儒将”，与那些能征惯战的武将相配合，演出了一出又一出的精彩的战争活剧。所谓“文韬武略”便是这种结合的最好概括。

谋略制胜

中国传统的军事文化除重视大战略外，还重视谋略。如三十六计就是极好的典型。力求以谋略制胜，最大可能地减少战争的损失，以达到不战而胜的精彩境界。

中国的战略家从来都把“仁”即正义作为谋略的道德标准，以谋略取胜而屈人之兵，便是“仁”。谋略而胜是战争的最高境界。所以，战争是智慧的竞争，可以为了“仁”，尽情发挥军事家的智慧才能。“兵者，诡道也。”但中国军事文化中的谋略不是无原则无道德的狡猾，而恰恰是维护“仁”、“义”、“道”的手段。因此，2000年来，军事家使用谋略从未引发过大的道德争论。因为军事家在使用谋略上有个共识，即谋略为仁，而不讲谋略一味征伐才是不仁。孙子说：“凡兴师十万，出兵千里，百姓之费，公家之奉，日费千金，内外骚动，怠于道路。不得操事者，七十万家。相守数年，以争一日之胜，而爱爵禄百金，不知敌之情者，不仁之至也，非人之将也，非主之佐也，非胜之主也。”那种动辄兴兵十万劳民伤财，相持不下，希望一战而胜获取个人名禄，却不知敌情者，是不仁到家了。这种人不是好将领，不配辅佐人君，也不是能取胜的君王。

可见，孙子极重视“知敌之情”。知敌情，便要先知，“先知者，不可取于鬼神，不可象于事，不可验于度，必取于人，知敌之情者也”。要先知，就得从知敌情的人那里去取得敌情资料，于是间谍就成为必需，于是就有了世界上最早的间谍理论——《孙子兵法·用间篇》。

“知己知彼，百战不殆”是孙子的名言。为了知己，就要研究自己的全部情况；为了知彼，“情报战”就成了头等大事。在公开与隐秘的情报战中，我们应当牢记的是谋略的基础——“仁”，即正义。

三　中国军事文化的影响

《孙子兵法》在战国时广为流传。大约在公元7世纪时，《孙子兵法》传入日本，是由奈良时代的吉备真备带回去的，并且向当时的宫廷讲授。日本战国时代的军事家武田信玄把《孙子兵法》中的“其疾如风，其徐如林，侵掠如火，不动如山”中的“风、林、火、山”四个字写在旗帜上，鼓舞士气。如今日本的连环画还大画特画孙武及其兵法，成为大人、孩子爱看的读物。18世纪后，《孙子兵法》陆续被译为法、英、德、捷、俄等多种文字，受到各国军事家的普遍重视。据说，德国的威廉二世皇帝在看到《孙子兵法》后，痛悔不迭。他认为，倘若早得此书，他就不会在第一次世界大战中失败了。1983年2月19日，美联社说美国军方改变了战略，强调速度、机动和深入敌后作战，其理论依据便是《孙子兵法》。2003

年美军在伊拉克的军事行动便很有这种战略的样子。

一位西方汉学家写了一本论三十六计的书，只论述了十八计就引起西方巨大的轰动，有的外国政治家也称此书对从政大有裨益。中国的军事文化令世人侧目，古老的智慧正激荡今人的心灵。

日本的军事评论家认为《孙子兵法》虽古老，却具有非常出色的现代性。于是日本的经济界人士甚而以《孙子兵法》中的谋略制定他们在经济战中的策略。韩国、新加坡等周边国家的有识之士也纷纷把中国的兵法运用于经济，且大放异彩。

中国军事文化的影响早已超出了军事的范畴，中国军事家的谋略思想正在或已经启迪着各行各业的人士。经济上的宏观与微观正是战略与策略的关系；政治家以中国的韬略竞选、治国；股票交易中也谋略迭出，斗智斗勇；体育竞赛中，运动员出场顺序、战术安排，无不体现谋略；以《孙子兵法》治厂治企业，正成为现代企业家的风格之一。

孙武等兵家若灵魂有知，必在天际微笑，他们的睿智绵延了2000年，还将绵延无尽。

第十一章

对人类的卓越贡献

从欧洲暗无天日的中世纪向东方转过头去，可以看见中国文明的光辉是何等的耀眼。当欧洲人被“王权神授”的磐石压得几乎窒息、毫无人权可言的时候，中国的民本主义思想已经张扬了十几个世纪。对照中西方的古代社会，天才而又真诚的伏尔泰发出“历史始于中国”的惊叹，就是非常自然的事。热爱人类的伏尔泰把中国的古代社会想象得过于完美，但是中国古代的文明可以向世界提供借鉴，而这文明无论怎样迂回曲折都可以与近代相通，的确是历史的真实。

一　古代的四大发明

全世界都知道中国古代史上的四大发明，这就是造纸术、印刷术、指南针和火药。

20 世纪 80 年代初，在中国，对待这四大发明曾经有两种尖锐对立的态度。一种将这四大发明变成嘲讽的对象，用以证明中国传统文化的“封建保守”。他们说中国发明了火药却用来燃放鞭炮，而西方却制成炮弹、火炮来攻打中国；中国发明了指南针却用来看风水，西方却用于航海，以坚船利炮攻打中国；中国发明了造纸术，却造不出纸币，只能造冥币，连自己的钞票纸都要从国外进口；中国发明了印刷术却用来印皇历，而书籍的印刷落后于西方几百年。

另一种则是简单地驳斥第一种态度，曰：“数典忘祖”。

近 200 年来中国的落伍与被欺凌是惨痛的事实，中华的复兴是全民族的愿望。为了寻找落伍的根源，中华民族开始了全民族的自省和反思。这是人类史上极其罕见的事。一个民族痛彻心扉的反思甚至到了自虐的程度，自我鞭打自己的灵魂，拷问在天的先灵。于是否定和嘲讽过往的一切甚至自己的光荣都成为一时之时尚。当这燥热的旋风渐趋平息之后，人们才发现在爱恨交加的晕眩中所发出的指责和痛斥，有许多是欠分析的，是非历史主义的，有的简直就是同史实相悖，以自己的主观感慨代替历史的真实。但愿如今还在这路上徘徊遐想踽踽而行的人，停一停脚步。

四大发明及其远播世界的事实，颇能说明问题。

造纸术

从出土文物中可以断定，在西汉时期就出现了用植物纤维制造的纸了。依照历史的记载，发明用植物纤维造纸的人是东汉的蔡伦。其实，他大约是将前人用纤维造纸的经验加以总结改进、发扬下去的人，而不是发明者。纸大量用于书写当在魏晋之后。唐代，中国的造纸术传入阿拉伯。公元 11 世纪，阿拉伯人征服西班牙后，在那里设立了造纸厂，中国的造纸术从而传到西班牙，渐渐流传到整个欧洲。

印刷术

印刷术的发明年代应当是隋唐时期，那时是雕版印刷。到公元 11 世纪中叶，也就是宋仁宗庆历年间，毕昇发明了活字印刷技术。元朝时，印刷术逐渐由中国传入朝鲜、日本、欧洲。欧洲有雕版印刷术，其方法完全同中国流传下来的相同，已经比中国晚了至少300多年。

指南针

宋朝初期有了指南鱼，不久便发明了指南针，而且被广泛地应用于航海业。北宋时，大批装备了指南针的海船往来于南海、印度洋等海域。阿拉伯人乘中国船只到中国做生意，也学会指南针的制造与使用方法，并将其传播到欧洲。指南针由亚洲经阿拉伯传到欧洲，对整个世界的航运业起到了巨大的推动作用。

火药

火药的发明人是一批炼丹的术士，大约在唐朝以前就制出来了。但是发明者的名姓已不可考，连发明的确切年代也无法弄清了。大约在公元八九世纪的时候，中国的炼丹术传到阿拉伯，制造火药的主要原料硝石也传到阿拉伯、波斯等地。但是直到12世纪以后，阿拉伯等国的史籍上才提到硝石，名字叫“中国雪”，波斯人则称硝石为

“中国盐”。制造火药的方法可能是在南宋时才传过去的。大约在公元13世纪时，中国的火器和制造方法才传到阿拉伯。阿拉伯古兵书上称，火器有两种：一为“契丹火枪”，是和敌人近身交手时用的；另一种是“契丹火箭”，是远射用的。“契丹”是那时阿拉伯人和某些民族对中国的称呼，所谓“契丹火枪”就是中国火枪。热兵器的发明权也属于中国。阿拉伯人又把火药和火器的制造方法传给欧洲人。这时，中国人已经使用火药、火器几百年了。

中国人有四大发明，但制造与使用的技术也确乎曾被技术先进的西方超越，这原因是复杂的。但是智慧勤劳的中华民族不会自甘落伍，在一些领域中依旧保持着独步世界的地位，如宣纸的制造（据说这技术也被“交流”到外国，洋宣纸正倒流回来），有些领域又再度领先。例如中国是第一代黑色火药的故乡，也确曾受过西方列强火炮的轰击，但今天中国又在乳化炸药的研究上领先于世界。火药的故乡今天又向世界输出制造最新一代火药的技术了。

二　其他的发明与贡献

主要发明与贡献

中国人的发明绝不仅仅是四个。中国在悠久的历史中向世界贡献很多，无论是自然科学还是社会科学，中国都对人类奉献出自己的智慧。

文官制度

如今风靡世界、被公认为是最完备的文官制度，其实是中国古代社会的创造。自秦汉以来的两千多年中，中国的政治有中央官制、地方郡县制、铨选制、科举制、晋升制、回避制、俸禄制、考课制、监察制以及各种文官立法，形成完备细密的政治制度。中国灿烂的文明，与这种有效的管理体制有关。伏尔泰说："人类智慧不能想象出比中国政治更优良的组织。"面对组织近代国家政治机构的任务，西方学者都极力主张效法中国的文官制度。19 世纪，英国议会的大门终于向中国文官制度打开，他们仿行、完善、发展了这一制度，以至于在当代，文官制度成为组织和管理社会的基本原则。孙中山先生早就说过："现在各国的考试制度，差不多都是学英国的。穷源溯流，英国的考试制度原来是从我们中国学过去的。"所以，中国历史上的文官制度，也是对世界文化的一大贡献。

科举制度

自隋唐至晚清，实行了 1300 年左右的科举制度，如今正引起各国学者、教育家的兴趣。不少人认为在人类社会的考试制度中，科举制度这种不论血缘、年龄、地域，广泛报名、统一考试、择优录取的考试制度是最公平合理的。有中国学者说：科举制度也有压抑自由思想、限制学子发挥的缺陷，科举制度"是一个烂苹果"。一位美国教育家反驳说：只要有考试制度就会有标准答案、评分标准，"这样的烂苹果美国也有"。所以，借鉴科举制度的优劣，创造出符合当今时代的考试制度是一个大问题。

道家学说

道家学说，关于对立的阴阳两极又相互统一的观念，给世界的科学家以巨大的启发。

儒家学说

孔子的儒学为人类认识自身与社会以及人际关系、理想社会提供了第一个最完备的政治哲学体系。他的“仁”与“礼”和后来孟子的“义”的观念，都给人类以启迪。难怪一些西方学者称孔子是人类思想史上的一个里程碑。如今，联合国教科文组织又将联合国最高教育奖命名为“孔子教育奖”，这是对孔子“有教无类”的教育思想的肯定与褒扬。1993 年《全球伦理世界宗教议会宣言》中提出，把孔子的“己所不欲，勿施于人”作为伦理金律，这真是大智慧的表现。

八卦

中国的八卦图符号，是二进制。二进制是电脑的基本概念。最古老的中国文化观念长驱直入最新的电脑，这是不是独特的贡献？

其他贡献

从自然科学、技术上说来，中国发明更是蔚为大观。

瓷器

瓷器大约是对世界影响最大的发明。所有的原始氏族都会用黏土烧制陶器，但从陶到瓷，却是中华民族的独特发明。3000多年前，中国的先民已经在制陶的基础上学会烧制原始瓷器了。到东汉后期、魏晋，真正的瓷器出现了。从陕西咸阳扶风镇法门寺地宫出土的文物中，我们看到了1200多年前的盛唐瓷器。据说，波斯人是11世纪开始研究中国的制瓷技术的，而意大利是1470年才开始在陶土上挂一种铅釉，但这并不是真正的瓷器。直到1712年法国传教士发现用江西景德镇高岭山的高岭石可以制瓷，并设法带回欧洲后，欧洲人才造出真正的瓷器，而高岭（Kaolin）一词成为全世界陶瓷业通用的名词。

所以今天西方人把英文中的china——瓷器，

与“中国”一词并用，既说明瓷与瓷器是中国独具特色的发明，也证明西方人是通过瓷更加认识中国的。如今，瓷又作为新材料之一，在建筑、电业、机械等诸方面发挥重要作用。

丝绸

丝绸是中国发明的。早在史前时期的传说中，中国的先民就会养蚕缫丝织绸，传说中嫘祖就是养蚕缫丝的发明者。当中国人着绸穿缎时，世界上绝大部分地区的人还以树叶兽皮遮身。古罗马著名诗人维吉尔想象丝绸是从树上流下来的某种东西制成的，而那时中国已经有了缫丝车、提花织机和五彩套色印花技术，织造出锦、纱、绫、缎、绸、绣等丝织品。

1972 年在长沙出土的马王堆汉墓里发现有 200 多件丝织品，其中一件完好的素纱单衣，薄如蝉翼，犹如今天尼龙头巾般轻柔明亮。此衣长 128 厘米，袖长 190 厘米，重量却仅 49 克。此外还有色泽艳丽的丝帛画，轻盈古雅的杯形菱纹花罗。

2100 年前中国已经有了高超的丝织技术，而欧洲的贵族则要用同等重量的黄金来买从中国运去的轻柔的丝绸。从陆路到海路由东向西的大道，之所以叫“丝绸之路”，可说是由丝绸铺成。古希腊、罗马称中国为Seres——“丝国”。Seres显然是中国“丝”字的音译。现在英语中称丝为silk，就是由希腊语Seres演变而来。丝绸将中国与世界联系起来。今天，中国依旧是世界上最大的丝绸之国。

茶叶

茶叶是中国发现的。现在许多国家的语言中对茶的称呼是从中国汉语中的粤语和闽南语转化而成的。中国的祖先使用茶已有4000多年的历史。秦汉时期，中国已经开始培植世界上最早的茶树，生产茶叶。唐代茶树已遍及南方，饮茶习俗风靡全国。陆羽更写了世界上第一部茶的专著——《茶经》。

公元5世纪，中国茶叶输入日本、朝鲜。17世纪销往欧美各国，饮茶之风遍及全球。茶与咖啡、可可一起，并称世界三大饮料。赏茶、品茶、论茶，还是中国独到的哲学在日常生活中的体现。

中国茶道深深影响了日本，以至于日本把茶道作为国技或国宝。法门寺地宫出土了一整套茶具与器物，证实了唐朝时期使用的茶道器皿与今日日本的茶道器皿完全相同。

中国茶叶有五大类：绿茶、红茶、乌龙茶、花茶、紧压茶。每类里又分成若干种，滋味各有不同，沏泡的方法也各异。而外国只有红茶等少数品种，茶的大国以及茶文化的兴盛如今也还首推中国。

医药学

中国的医药学也是对世界的巨大贡献。据报载，在 3000 年前中国就有了开颅手术，麻沸汤（麻醉药）至少在东汉时即已盛行。近来中国又向世界药学界提供了黄连素、麻黄素和青蒿素，为人类造福。中医的针灸、推拿正越来越为全世界所公认。人工胰岛素首先在中国制成，为广大糖尿病患者解除病痛。在医治癌症、艾滋病上，中医药也具有较光明的前景。

石油

中国是利用石油最早的国度。中国在汉代已

经认识了当时称为“脂”的东西，宋代的沈括正式将它命名为“石油”。而最晚在元代，中国已经打出了世界上第一口油井。过去，中国被嘲笑为贫油国，如今中国的石油和天然气已有较高的产量。

圆周率π

即圆周长与直径的比值。对π计算的准确程度是各个时代数学水平的标志。魏晋时的刘徽提出了“割圆术”，即把圆周长按正多边形与直径的比例计算，从圆内按正六边形算起，一次次把正多边形的边数加倍，十二边，二十四边，四十八边，九十六边。边数越多，正边形的周长越接近圆周长。当他算到圆内接一百九十二边时，得出π＝3.14124。后来，他计算了圆内接正三千零七十二边形的面积，得出了更精确的π值为3.14159。这两个π值的精度都超过了阿基米德和托勒密取得的成果。刘徽的“割圆术”是他独特的发明，影响深远，说是第五大发明，当不为过也。

对π值的计算，成果最大的是祖冲之。祖冲

之（429—500），字文远，范阳郡遒县（今河北省保定涞水县）人，少而博学。当时正值南北朝时期，中原战祸频仍，人口南迁，中国的经济、文化中心遂南移至长江流域。祖冲之一生在南朝（刘宋与南齐）度过，在科学上有极大的成就。他在刘徽对 π 值计算的基础上继续前进，提出了两个 π 率。一是约率 22/7，这在他以前已经有人求出；另一个是密率 355/113，这个值直到 16 世纪末，举世所无，为祖冲之所独创。他还求出更进一步的近似值，用数学符号表示，即 $3.1415926<\pi<3.1415927$。

16 世纪末，德国人渥脱和荷兰人安托尼先后得出这个数字，已经是祖冲之谢世 1000 年之后了。所以，355/113 被著名数学家日本人三上义夫称为“祖率”，获得世界的认同。祖率至今还在科技领域里广泛使用，这不是一个奇迹吗？

十进位系统

夏朝以十日为一旬，沿用至今。商代甲骨文和金文开始用十三个单字、词记录十万以内任何自然数（一、二、三、四、五、六、七、八、九、

十、百、千、万），这比任何印欧语系的文字在记数上都先进、科学、方便得多。这也标志着十进位系统的诞生。

秦汉以后，中国已经确立了完整的十进制体系，较任何古文化的各种进位制度要先进优越得多。现在世界上的基本进位制便是十进制，中国为此作出了卓越的贡献。

根据十进制制成的中国计算器——算盘，当然也是中国的发明。

此外还有比如真漆的发明与使用；扑克牌，当初产生于中国，按历法而制，后又经罗马教廷改造而风行于世；筷子应当是中国最古老的发明，使用筷子有助于左、右脑的开发，这是今天科学家的发现。但是，中国人是最早把人类的两大发明——陶器与筷子合并使用的民族。这两件最古老的发明将伴随中华民族至永世。还有风筝；皮影戏，这应该看作是近代电影的先驱；金鱼，将病态的鲫鱼定向培养让它千姿百态供人欣赏，这原本是中国的玩意儿；跟这相仿的是叭儿狗，如今在世界各地受女人宠爱的“北京叭”，也是中国的育种匠人长期选育而成，专供宫廷饲养的“宠物”。可惜，今天要再找一条纯而又纯的“京叭”犬，难矣，更不用说那雄健的“藏獒”了。还有壁纸、折叠伞、团扇、轿子——后来发展成马车、汽车；马蹬、马球、足球——原来是游戏，比谁耍的花样多而球不落地，与今日的看谁踢进对方球门多的竞技足球不可同日而语……按照各自偏好可以尽数各类发明。这些古代的发明创造，都已经被科技史专家、英国的李约瑟博士写进他的皇皇巨著——《中国科学技术史》中。李约瑟博士说：“可以毫不费力地证明，中国的这些发明和发现远远超过同时代的欧洲，特别是 15 世纪之前更是如此。”

炼丹术中的化学工艺、世界上第一个地震仪、遗传育种、最早的天象记录、中国的阴历（包括祖冲之的“大明历”）等，都对世界的历史有深远的影响。

美国学者德克·卜德也感慨地说：“倘若没有以上这些东西，我们西方的文明将是何等贫乏不堪啊！有些东西给我们提供了无穷的乐趣，有些东西既富于使用价值，也给人以艺术的享受。还有些东西完全改变了我们的生活方式，成为现代文明的基础。”

中国古代有如此众多的发明创造，不是说中国人格外聪明，只是证明中华民族的古老，她的文明史早而悠长。早出发的人当然比晚走者先有快乐与痛苦，将这些经验和教训说出来，是天经地义的事。中国人可以因此而自豪，可以增加前行的自信，但不可躺在先人的成就上睡觉。我们应当清醒地走自己的路。

中国向世界贡献了许多，也从世界各地学来了很多，今天依旧向世界贡献着自己的智慧，同时也从外部汲取智慧的营养。中国正是在发挥自己之长和吸收他人之长的过程中生生不息的。今天更应当创造新的中华文明。

三　中国古代科技思维的影响

中国传统文化中天人合一，自然与人事相关应、浑然一体的观念，是一种有机的自然观。这种思维使中国发展出一套与西方科技文化不同的体系，它的特点在于整体思维和综合能力，以及辩证的思想方法。

中医药学是中国科技思维体系的代表之一。

按照中医的看法，人体是个阴阳两极和谐的统一体。阴阳平衡、协调便是健康。失去这种平衡或阴盛阳衰，或阳盛阴衰都是不健康的表现。人体是与大宇宙系统对应的小小的系统。中医从经络和穴位中发现了人体各个部位之间的联系，又从阴阳、五行中找出了它们相生相克的辩证关系。东南西北中，晨昏旦午晚，木火土金水，角徵宫商羽（音律：米梭兜来拉）与喜怒哀乐恐，都和人体的病相有关，也与药味（酸辣苦甜咸）

有关。人体的脏器与皮毛、器官也彼此有关联，如肝开窍于目，心之苗为舌，肺与大肠相表里，胃主皮毛等等。因此，中医治病不是头痛医头，脚痛医脚，而要用望、闻、问、切四种诊断方法予以综合性考察。望气色，闻体味，问病史、病征、饮食起居、心情变化，乃至考虑年龄、生活习俗、地域、冬夏季节等等，配合切脉，查出病因。投药时，也要讲究地域、给药时间、季节、病人体质，以及药物之间的“君臣主辅的关系”。一个人咳嗽、患气管炎，中医往往用润肠通便之药，以降肺火，药中甘草一味绝不可少；目赤眼肿之疾，则施以平肝之药。这种辨证施治、整体调节的医术，表现了中国文化中人与自然相谐相融的观念。

中医的针灸经络学说，正是这种思维体系的产物。中华医学、药学保证了中华民族绵延不绝的命脉，使整个民族日益强盛，它独特的成就正愈来愈受到世界各国的重视。

汉医、藏医、蒙医与朝鲜医等各分支正汇合成一个统一综合的中华医药体系，成为人类医学的宝库之一。

当然，中医药在发展过程中也有迷信、神秘色彩的融入。1949年以前，当时的中国政府曾经明令取缔中医，但禁而不止，中医药依旧大为盛行。新中国政府施行中西医结合的方针，遂使中医与现代科学和西方医学携手走上了正确发展、更臻科学的道路。

中国古老文化中这种整体思维，普遍联系、相互制约、补充的观点，日益为全世界学者所重视。科学的发展正使处于边缘或彼此交叉的学科成为新的科学门类。混沌学、模糊学的兴起，正好验证了中国古代思维的正确性。那个彼此融合、联系的阴阳鱼所构成的太极图，正好体现了世界在两极中对立、补充、无限发展的生生不息的本质。1937年，当代量子论和量子力学的鼻祖——丹麦物理学家玻尔（Niels Henrik David Bohr）访问中国，被中国关于对立两极的观念深深震动。他认为原子理论在方法论问题上是中国的道家老子早就遇到的问题。他认识到，中国古老的智慧与西方现代科学之间有着深刻的协调性。于是他选择中国的太极图案作为自己家庭的族徽，终生保持着对中国传统文化的崇尚。

中国古代科技的领先势头，在近代变为滞后，原因很多。但中国文化中较少形而上的思维方法也是原因之一。多综合少分析，分类学不够发达，使自然科学的发展不尽如人意。思辨科学发达，又与将科技视为“奇技淫巧”的风气混杂，形成一种不利于科技与发明的社会氛围。这些都应予以总结，以利开创一个促进科学技术发展的新局面。新的世纪或许正是东方思维再领风骚的年代，这就是为什么老子、庄子的思想再度备受青睐的原因。不少大科学家在自己震惊世界的学术论文前面引述这两位先哲的古老的论述。东西方思维的结合必将引领中国自然科学和技术重新走在先进的行列中。

第十二章

光辉灿烂的未来

人类已经进入新的世纪。未来充满诱惑和危机。中国古老而又年轻的文明在未来的岁月中究竟能焕发怎样的光彩？这是一个我们必须回答的问题。

在前面的叙述中，我们已经提到这个问题，许多内容也已涉及。现在，不嫌赘言，做一个总结以加深读者诸君的印象，同时也为本书作一个瞻望前景的结尾。

一　唯一未曾断裂的古老文明

在人类文明的发展史上，曾经有过四大古文明。这就是古埃及文明、古巴比伦文明、古印度文明和中华文明。

古埃及文明在公元前 6 世纪就瓦解了，她的历史约有 3500 年。如今只有金字塔在月光下幽然兀立，它的秘密至今仍隐藏在历史的烟尘中。古巴比伦王朝约在公元前 1595 年被赫梯人推翻，赫梯人的统治又被来自海上的侵略者推翻，曾经光彩灼灼的古巴比伦文明从此烟消云散。古印度的笈多王朝也曾辉耀东方，但是在公元 6 世纪初被推翻，分裂为星罗棋布的小王国，古印度文明的光彩暗淡了。

这些人类早期的文明，都曾经证明人类的先祖是何等智慧与勤劳。如今这些都消失在无尽的时间与空间里，只有少数的文物遗存孤零零地站在那里茫然四顾，追忆着兴盛的往昔，胆战心惊地瞥望着未来。

人类至今所未能消除的最大的罪恶，便是以自己的手去毁灭自己创造的文明，并且连同这文明赖以存在的环境一起毁灭。

逃脱了洗劫之灾的人类古老文明只剩下中华文明。她历经无数的考验、磨难，始终能从衰微走向发展，悠悠度过 5000 年的岁月，依旧年轻。怆然回顾，同中华文明一起诞生的古文明兄弟都已倒下，中国在自豪中又难免孤寂苍凉，同时也有继往开来、绝续存亡，将人类文明火炬传至无穷的责任感。中华文明能够述说往昔，将过往延至今日；又能支撑今日，并且将烛火播向未来。她是这世上唯一未曾断裂、一直延续下来的文明。中华文明当然可以担当将从前与未来连在一起的重任。

任何一个民族的文明在发展中都会受到外来文明的冲击。自身生命力不强的文明势必会在强大的外来文明的冲击下解体，甚至消失。而生命力强韧的文明则在外来文明强烈的刺激下再度勃发，召唤起内在的潜力，重新获得旺盛的生命力，中华文明正是这种生命力强韧的文明。

二 中华文明的延续与发展

中华文明之所以有强韧的生命力，重要的原因之一是她能够融合、吸收、消纳许多民族的文明。

中华文明的主体——汉文化就是在融合了各民族众多文化之后形成的。这个过程至今还在进行当中，而且会延续无穷。夏商周时，华夏族就融合了被称为“蛮夷戎狄”的诸部族的文化，又保留了各民族的特色，形成了统一的中华文明。

春秋战国时期，东夷西戎，南蛮北狄，各民族同中原诸族，纷争与融会交集。经500多年的大动荡、大整合，造成了秦汉空前的统一与强大。汉与匈奴争战不已，南迁的匈奴部落融会于中华民族之中；“独尊儒术”的政策，又造成以儒文化为核心的中华文明的发展，形成一个兴盛的新局面。

秦汉至魏晋，文化到了一个波谷，接着是所谓“五胡乱华”，南北朝又经历了一轮新的动荡与整合。这个时期是中华民族内部空前活跃的文化交融期。胡人汉化，汉人胡化；西边的波斯文化及西域诸族文化，北边的鲜卑、羌、氐，南部的苗、黎诸族，各种文化在中原地区交并、汇合，才使后来的唐文化大放异彩。唐代的开放之风，是中国历史之最。佛教、基督教、伊斯兰教同时在中国传播，儒、释（佛教）、道“三教论衡”，展开哲学的辩论。那时的长安可谓真正的世界之都，成了世界各民族各种文化的橱窗。当时长安的百万人口中，有 2 万到 5 万外侨和外裔人士，这在今天也是个不小的数字。

隋唐以后至五代，文化又走向衰微。宋代经由程颢、程颐、朱熹等人的整理总结，逐步形成以儒学为主兼容释、道，三者一锅煮的“道学”体系。优点在于使中国传统文化有了一个完整的架构，使儒、释、道成为中国传统文化的三个支柱；缺点是融入了程朱太多的个人理解，等于重新解释儒与道，而且形成僵化的教条。

他们对儒、道的“注”与“疏”成了正解，

无形中扼杀了许多新鲜活跃的思想。儒与道的学问经他们加工改造的不少，大概都无复当初的原意。不过，理学之初使士大夫文化同开始萌生的市民文化趋于融合，适应了开始活跃的城市经济，渐次形成中国近代文化的雏形。

元朝的蒙古文化由于实行“仪文制度，遵用汉法”，对汉文化为主的中华文明有所贡献。到了明代，依旧以“理学”体系为主，而“理学”却由于它的僵化从成熟走向衰败，不能适应带有资本主义萌芽性质的城市经济的迅速发展，而具有强烈民主意识和商品经济意识的市民文化却异常活跃。

这种状况大量地反映在明代的小说、戏曲当中。对“道学”的揭露、批判，对人性美的张扬，对商品经济和新兴商人、手工业者真实的描写，对美好爱情的歌颂，都显示出明代晚期中华文明正面临着吸收新的因素，进入更新一个轮次的融会、整合的局面。

这时期的中国自然科学技术也有新的发展，出现了科学家徐光启、宋应星，地理学家徐霞客，医药学家李时珍等等。这时急需一批卓越的理论家、思想家提出新的理论替代“理学”，促进新的生产方式的产生。中国也确实出现了有可能成为这样思想家的人物，这便是李贽（1527—1602，号卓吾）。他尖锐地指斥“理学”，矛头直指孔子。他把由韩愈发端，经宋、明两代“大儒”，特别是经朱熹所倡行的“道统”，批判得体无完肤。他倡导人类社会要天然平等，认为“人人都是现成的圣人”、“人人无不载道”，提倡男女平等，反对重农抑商。他批判的锋芒可谓继东汉王充《问孔》之后最为尖锐、激烈，因而被下狱迫害致死。他的思想虽犀利，可惜也陷入中国哲学家奇异的怪圈（或述古或批古而少自成一家之言），缺乏自己完整的思想体系，没有像西方启蒙学者们那样成为反对封建主义为资本主义生产方式鸣锣开道的理论家。他也没有分清孔子的儒学与朱熹的理学之间的区别，更没有弄清统治者主张的“儒学”与真正的儒学之间的区别。因此，他的批孔使许多知识分子误解他，以至有人说他弄到“人人皆曰可杀”的地步。李贽未能再进一步地成为中国具有民主意识的思想家，中国当时更没有形成一个这样的思想家群体。所以，中国也没有如西方的“启蒙运动”那样的思想界的大震荡。虽然世风已经表现出中国历史上从未有过的市民文化的萌动，但严酷强大的封建势力及其理论体系——“理学”（道学）压制了这种先进思想的发展。

清代统治者为了稳定政权，实行高压与怀柔并举的政策，在封建集权的同时，也曾尽量保存汉族的社会习惯和传统文化、道德，以缓解民族间的矛盾。因此，在清帝国持续两百多年的统治当中，学术文化方面也曾取得了不小的成就，其古典学派的朴学可与宋明理学前后辉映。

学者黄宗羲、顾炎武、王夫之提倡经世致用，反对虚谈，学风为之一变。这是对中国知识界长期恶劣学风的一次大扫荡，为新学的输入开辟了道路。揭露封建社会没落趋势的长篇小说《红楼梦》和《儒林外史》大放异彩；传奇作品《桃花扇》《长生殿》等也体现了戏剧界的优秀成就；晚清时期兴起的谴责小说《官场现形记》《老残游记》等，在反映改革的政治要求和讽刺官场、酷吏的腐败等方面也作出了贡献；由龚自珍、魏源到康有为的今文经学派，更表现出社会大变革前夕知识分子新的面貌和倾向。从总体上看，清王朝虽有满汉文化的交融，但中华文明内部新的因素毕竟成长缓慢，加以统治者闭关自守，缺乏同外来文明的交融，难免造成了中国的衰落。

中华文明在发展中除不断融合本民族各支系文化之外，还不断吸收外来文化之长，将它们本土化，成为中华文明的一部分。中华文明从来是博采众长的。

当今世界有三大宗教，这就是基督教、伊斯兰教、佛教，可以说这是世界宗教文化的三大支柱。这三大宗教在世界各地的传播都经历过残酷的战争，历史上基督教与伊斯兰教之间的战争更是世界史上血腥的篇章之一。而这三大宗教进入中国却都以和平方式实现，在漫长的中国历史中从未有过真正的宗教战争，而佛教更是中国主动请入的。

伊斯兰教约在7世纪中叶传入中国，唐代武德年间（618－626），穆罕默德派“四大贤人”来华：一贤传教于广州，二贤传教于扬州，三贤、四贤传教于泉州。穆罕默德的母舅旺各斯，奉命护送《古兰经》来华。他由广州至长安，那年是贞观六年（公元632年），正是穆罕默德逝世的周年。他受到唐太宗的热情接待，准予在长安、江宁、广州等地建立清真寺。如今广州还有伊斯兰教最早的遗迹之一——怀圣寺（光塔寺），塔高165尺，巍峨矗立在广厦之间，向人们述说着盛唐文化博大的胸襟。

基督教几乎和伊斯兰教同时传入中国。在西安的碑林中有座《大秦景教流行中国碑》，叙述了当时被称作景教的基督教阿罗本教士在贞观九年（公元635年）受到唐太宗欢迎并下令建寺的经过。这块碑的侧面还有用叙利亚文镌刻的教士的名字。其实，阿罗本不是最早来华传教的基督教士。5世纪初，基督教聂斯脱利派就从西域传入洛阳。在元代，罗马教皇尼古拉四世派圣方济会教士孟高维诺到达中国，任中国教区主教，在大都、泉州、杭州等地设立教区。这位意大利人40年后病逝于北京。基督教当时称“也里可温教”。他的继任人鄂多立克是与马可·波罗齐名的中世纪四大游历家之一，于1325年到达大都，写过一本《东游录》，盛赞中国的富庶繁盛。这是一本与《马可·波罗行纪》媲美的书。此后，明代的利玛窦，明清之际的汤若望，都是极负盛名的基督教士，他们的墓葬还在北京完好地保存着。

玄奘取经的故事在中国家喻户晓，说明了中国对发源于印度的佛教虔诚学习的态度。玄奘历千辛万苦到达时称天竺的印度，在印留学15年，游历当时印度70多国，成为著名的高僧。贞观十七年（公元643年）离印回国，于贞观十九年正月回到长安。他写的《大唐西域记》，记载了他亲历的110个和传闻的28个城邦、地区、国家的情况；他主持翻译了75部佛经；建造大雁塔以藏经书。他还把中国的《老子》和印度久已失传的佛经《大乘起信论》译成梵文传到印度。

佛教在中国几度兴衰，经过禅宗六世祖慧能的改革，完成了“本土化”的过程，变成了地道的中国化的文化，与儒道一起成为中华文明主流的三大家之一。

伊斯兰教也同中国人的习俗尽量融合，被中国人所接受，在中国站住了脚跟。中国还诞生了一个使用汉文汉语、信仰伊斯兰教的新民族——回族。

其他宗教，如流行于西域的袄教、摩尼教也都以和平方式进入中国，宽广胸怀的中华文明都接纳了它们。

对待外来文化，每个民族都会有一个曲折的认识过程。欧洲中世纪的天主教对待异端思想的态度最为野蛮。中世纪史上，几次大的宗教杀戮，都是针对天主教的改革派或其他宗教思想的。宗教裁判所把传播近代天文学的先驱布鲁诺活活烧死，而利玛窦来中国传教却受到明朝上下的崇敬。他的天文学说在皇家主持下，与落伍的历法进行辩论，终被事实所验证。利玛窦以后的汤若望，在入关后第一个清朝皇帝顺治的支持下，也在观象台上同当时的钦天监官员辩论，实证天象。他死后，另一位继承他们事业的南怀仁教士监造了许多天文仪器，至今还立在北京古观象台上，成为中国民族科技、天文学的象征。与欧洲暗无天日的中世纪相比，中国晚明清初对待异端的态度是这样泾渭分明，中华文明的开化与宽宏博采众长不是很清楚吗？

一个是中华传统文化主体的合理性（科学性）；一个是它善于融合本身各支系文化；再一个就是容纳、消化、改造外来文化的强大能力，这便是中华文明生生不息的全部秘密。

三　中华文明与世界文明的未来

同西方文明相比，中华文明在明清之际开始迟滞。一是本身正需要新的整合，文明正处于低谷状态，而西方却掀起了资产阶级革命，近代文明大加张扬，处在一个“一天等于二十年”的突飞猛进时期。一消一长，使原来领先的中华文明变为滞后。而西方的武装侵略，又打乱了中华文明缓慢调整的进程，中国的落伍就成了合乎逻辑的事情。然而，200 多年前的这次掉队，并不意味着中华文明根本上的不行，中华文明的优势与博大精深不能因此而被彻底否定。中华文明需要的不是斩断自己的脐带，彻底地接受西方文明，而是应在诸种文明的冲撞中，审视自己，扬弃完全过时的东西，将优势继续下去，同时吸收一切外来文化的精华，创造新的中华文明。

中华传统文明在博采众长中发展的历史已经

显示了它强韧的生命力，中华文明的复兴是必然的。所谓传统，不是过去，而是一种运动，一种存在，是连接过去、今天、未来的历史流程。中华文明既没有过断裂，也不是跳跃式地发展，而是承接、转进。它不抛弃人类优秀的创造，又不断吸收新的因素而日益完善。这应当是人类文明发展的规律。20 世纪 20 年代，中国正处于贫穷、落后、混乱的状态，但是美国的哲学家威尔·杜兰博士，这位以《世界文明史》而名噪全球的学者，却对中国一往情深。他认为“中国文化乃是世界文明重大成就之一”，他相信中国“有康复和更新的本质”。他说：“这个经过 3000 年历史的国家，在好几次兴衰之后，今天在整体和精神上仍表现出活力，仍是最有创造性的时期。”他满怀激情地写道：“世界上没有一个民族能像中国那样精力充沛，那样聪慧，那样能忍受灾难和痛苦，那样能在历史的熏陶下沉静忍耐和等待复原。这个拥有如此物质、劳力和精神资源的国家，加上现代工业的设备，我们很难料想象将产生出怎样的文明。很可能将会比美国更富有，很可能将会与古代的中国一样，在繁荣和艺术的生活方面，居于世界领先地位。”这是一位美国人在上世纪中国看来最无望的时候所发出的预言。他站在西方文明中心论的前哨地带却凝视着东方，对中华文明寄予厚望。

中华文明辉煌与暗淡的历史，说明一个真理：每一个民族的文明都必须与时俱进，在同外部世界的交往中汲取一切文明的精华，消化吸收，融为自己文明的有机部分，使自己的文明时时更新，也使自己的文明成为世界文明的一部分。中国先贤所说的“厚德载物”悠悠越过数千年的岁月，依旧闪烁着真理的光芒。

如今，中华文明正经受新一轮的考验，在“全球化”的浪潮中，中华文明是固守过往的阵地，陶醉于先前的璀璨，还是将数千年的积淀全部打翻，扔到太平洋里，换一副脑筋成为西方文明的东方“克隆”版？抑或是认真梳理自己的文明，张扬那些被时空变换所证明为真理的部分，抛弃那些已被历史否定的渣滓，打开门窗，敞开胸怀，迎接八面来风，吸收所有的精华，创造出属于新时代、新世界的中华文明？毫无疑问，我们只能选择这条路，这是历史的选择。

我们还要建造一个世界所有文明对话的平台，将中华文明的精华提供给人类，为多元的世界文明增添一份光彩。

是的，世界文明是多元的。因为组成世界大家庭的民族是多元的。每一个民族都有自己的特色，都有平等生活在地球上的权力。多姿多彩的文明，才能保证世界的丰富性、多样性。人类需要在彼此的交往中奉献各自的文明，同时吸收别人的优长。中国的孔子所设想的“和而不同”的理想境界，正是在充分尊重个体特性的基础上实现的和谐。一个和谐的世界，必是多元的“和而不同”的世界。在理想的和谐世界，没有哪一种文明可以凌驾于所有文明之上，所有的文明都供人类共有共享。

新世界的太阳正喷薄欲出。人类自残和毁灭家园的惨剧，正渐渐退向暗淡的远方。总有一天，人类的后裔会埋葬所有的争斗，将先贤超越时空的理想——“大同世界”的旋律发射到太空，响彻宇宙。一个焕然一新的地球家园将在太阳系中周转不息。

人类是有希望的，这希望就在我们手中。

后　　记

《中国读本》近年来收获了许多褒奖，发行数量也在继续上升。在各种读物的滚滚波涛中，能浮在水面上，不至淹死，我知道，这是读者的功劳。倘或没有读者的青睐，这本非小说读物不可能有如此的成绩。现在全世界都听见了中国日益响亮的前进的脚步声，了解中国的欲望也一天天强烈，这就使得这本书获得了更多国家更多读者的认知。坦率地说，这使我在高兴的同时，又有了不安和忐忑：我必须根据不断变化的实情，修改和增删本书的内容，即使是资料的变化或者考古学的新发现，都必须跟得上现实的发展，而这种发展简直是瞬息万变。思维、观念尽管常常落后于客观世界的嬗变，但更新也在日月之间。例如，如今时髦的媒体正争先恐后地使用“网络语言”。当然，本书不可能挺立潮头，做这种短命语言的“弄潮儿”，在学术上也不会追赶各种变幻无常的观点。但是在各种浮丽的观点中站稳脚跟，既要反映学术最新的进展，又要直陈真理，的确是我的追求，也是我才力之不逮。我有时瞎想，我这后半生大约都得交代给这本书，时时变化的现实的鞭子会不断地抽打我的灵魂，只要我还想“与时俱进”，不欺骗读者，我就得修改本书，直至我与其共亡。或者会想出个办法，例如在书后附加更正细目。不过一想这更正有一天会长达数页，不用说读者，我这作者就先气短。要是更正长过本书，那就是犯罪了。倘或，隔几天就出一本祖国发展新资料及最新学说的册子，这本书也就寿终正寝。这算不算发展中的“苦恼”哇。

大自然正在教训人类，我们正在不得不渐渐修正我们对客观世界的认识，连带我们对人类自身及社会发展的认知也在变化之中。这次日本大地震、海啸和核泄露所引起的自然环境的变化，必然会引起思想界和科学界的深长思索和观念变化。其实这些变化无时不在，不过有时不这样剧烈或明显罢了。一个思想家、学者、诗人、艺术家，一个政治家，当然应当时时关注这些变化，不断修正自己的认识。但是这需要高的立足点，深的思索，这不是我的长处。我只是愿意不断学习，求新知，向前进，不愧对读者对我的厚爱。这就是我对这本书持不断修订态度的原因。

苏叔阳

2011年4月16日